DVD 内容と使い方

付属のDVDには音声付きの動画が収録されています。この本で紹介されたご本人が登場し、つくり方、使い方などについてわかりやすく実演・解説していますので、ぜひともご覧ください。

DVDの内容 全63分

パート1

一挙にやいて農業利用
豪快！穴掘り炭やき
広島県 竹廣博昭さん
10分

［関連記事 6、18 ページ］

パート2

どこでも手軽に
簡単スミヤケール
岡山県 石井哲さん
16分

［関連記事 28 ページ］

パート3

① **24時間でやける**
楽しい ドラム缶炭窯
長野県 炭焼き倶楽部
20分
［関連記事 22 ページ］

② **家でも畑でも**
便利な炭の使い方
長野県 炭焼き倶楽部
9分 ［関連記事 59 ページ］

③ **鉄工所で教わる**
ドラム缶炭窯のつくり方
長野県　炭焼き倶楽部
㈲オカモエンジニアリング
8分 ［関連記事 25 ページ］

DVDの再生 付属の DVD をプレーヤーにセットするとメニュー画面が表示されます。

「全部見る」を選択。ボタンがうす緑色に

全部見る

「全部見る」を選ぶと、DVD に収録された動画（パート１～３ 全63分）が最初から最後まで連続して再生されます。

「パート 1」を選択した場合

パートを選択して再生

パート１から３のボタンを選ぶと、そのパートのみが再生されます。

4：3の画面の場合

※この DVD の映像はワイド画面（16：9の横長）で収録されています。ワイド画面ではないテレビ（4：3のブラウン管など）で再生する場合は、画面の上下が黒帯になります（レターボックス＝LB）。自動的に LB にならない場合は、プレーヤーかテレビの画面切り替え操作を行なってください（詳細は機器の取扱説明書を参照ください）。

※パソコンで自動的にワイド画面にならない場合は、再生ソフトの「アスペクト比」で「16：9」を選択するなどの操作で切り替えができます（詳細はソフトのヘルプ等を参照ください）。

この DVD に関する問い合わせ窓口　　**農文協 DVD 係：03-3585-1146**

目 次

手軽にどんどんやく

DVDでもっとわかる
現代農業 特選シリーズ３
炭をやく 炭を使う

田畑でどんどん使う

暮らしの中で役立つ炭

炭の効用 7つの力

1 吸着作用

ニオイをとる、湿気をとる。農業利用の
場面では、肥料の吸着効果も期待できる

2 浄化作用

水中の有機物をとらえて浄化

3 燃料になる

薪に比べて長時間燃える。
酸素が少ない状態でも燃える

4 微生物を定着させる

微生物はなぜか炭が大好き
（炭が発する音波が微生物を活性化するという研究もある）

5 保水効果

無数にある細孔に水分を蓄える

7 ミネラルを供給

炭の大部分は炭素だが、水に溶けやすいミネラルを含む

6 通気性を高める

細孔には空気も蓄える

竹炭堆肥

じゃんじゃん使ったら、ほったらかし栽培でおいしいお米

DVDでもっとわかる

豪快に、シンプルに、じゃんじゃんやいた竹炭。
牛がなめれば健康になるし、
田んぼに入れると直販で大人気のお米がとれる。

一俵三万六〇〇〇円、たちまち売れる米

広島県三次市の標高五三〇mの山の田んぼで、竹廣博昭さんがつくるコシヒカリは「おかずなしでも、冷めてもおいしい」と評判のお米だ。

「竹廣さんちのこだわり竹炭米」。袋はお嫁さんがデザインした
（黒澤義教撮影、以下も）

五kg三〇〇〇円となかなかの値段だが、一町四反の田んぼからとれるお米のうち八割は直販でたちまち売れてしまう。県内のお米屋さんからも「売ってほしい」と毎年のようにラブコール。自家用米をよそから買い足さなきゃならないほどの売れ行きだ。

竹廣さんのお米の秘密はズバリ竹炭だ。毎年一五tもの竹を炭にして、その竹炭が混ざった牛糞堆肥を一〇aに二・三t。それとカキ殻一〇〇kg。他の肥料は一切入れていない。これが三〇年変えずにきた米づくりのやり方だ。

「苗字が〝竹廣〟ゆうくらいじゃけぇ、家の周りに竹林が広がっとって、その竹山に家がのみ込まれそうじゃったんよ」

竹炭を使い始めたのは三〇年前のことだ。竹の使い道を考えていたところ「炭は微生物を殖やす」と広島大学の先生から聞いた。そして菌根菌などの根圏微生物が殖えると、土に含まれるミネラルが効率よくイネに吸収されるとも教えてもらった。

「そうじゃ、その手があった!」と竹廣さん。以来、一八ページのような豪快なやり方で竹炭をやくようになった。

牛舎にも竹炭、ニオイ・ハエ・下痢知らず

竹廣さんは繁殖和牛（和牛の子とり経営）もやっていて、親牛六頭と子牛が常に四~五頭いる。驚いたことに、竹廣さんの牛舎に入っても牛糞のいやなニオイはまったくしない。煩わしいハエたちも一匹も飛んでいない。

じつは竹廣さん、やいた竹炭をまず牛の敷料（★）に使う。どうやら竹炭がニオイを吸着し、ハエも抑えているみたいだ。

竹炭はパドック（運動場）の一角にまとめておくと、牛がその上を歩いて竹炭を砕く。竹廣さんの竹炭はとても軟らかいので、簡単に砕ける。砕けた竹炭を毎朝牛一頭につきスコップ半分ずつ、モミガラもスコップ半分ずつ、それに山の下草も敷料として牛舎に入れる。ここでも牛が踏むたびに竹炭は砕けて、最後は炭の粉になって他の敷料や糞とよく混ざり合う。

竹廣博昭さん

ことば解説

★敷料＝牛舎内に敷く資材のこと。一般にはイナワラやオガクズ、モミガラなど。

竹炭を牛舎に敷くようになったきっかけは、元兵隊のおっちゃんの「戦地じゃクスリ代わりに炭を舐めた」という話と、猟師の「イノシシは体調を悪くすると山の炭小屋の炭を舐めて治す」なんて話を聞いたからだ。

炭を敷くようになってから、牛の下痢がピタリとなくなったという。以前は食べ過ぎては下痢をしていた牛が、今じゃ調子が悪いときは自分でパドックや足元の炭の粉を舐めて調子を整えてしまう。まさに「炭は万能薬じゃ」。

雪山のような白い堆肥の力！

毎朝出す竹炭混じりの糞と敷料は、堆肥舎に積んでときどき切り返しながら半年かけて発酵させる。こうしてできた竹炭堆肥は田んぼに、自家野菜畑にとふんだんに使われている。

竹廣さんの竹炭堆肥は一風変わっている。真っ白な菌糸に覆われた「白い堆肥」だ。牛舎から出したばかりは蒸気を出しながら温度が上がるが、温度が下がり始めるとだんだんと白くなっていく。切り返すたびに温度は上がったり下がったりするけれど、発酵が進むほどに菌が殖え白さが増し、最後はまるで雪山のような堆肥になるという。

竹炭堆肥を入れるようになって、竹廣さんのイネは病気が減り、コンパクトな稲姿で倒れなくもなった。毎年、反当たり九俵は確実にとる。奥さんいわく「昔、田んぼで雑木を燃やしたりすると、その部分のイネだけよくとれた。竹炭も同じじゃ思うんよ」。

なによりいちばん変わったのがお米の味だ。お客さんの反応は正直なもので、宣伝なしで直販が増えたのも竹炭堆肥を使うようになってからだ。「広島におる親戚の子どもが、それまでおかずばあ（ばかり）食べてご飯を残しとったのが、おかず残してご飯ばあ食べるようになってしもうて、どうしてくれんのかと怒られたくらいじゃ（笑）」

＊二〇一〇年十二月号「竹炭堆肥、じゃんじゃん使って一俵三万六〇〇〇円の米」

竹炭は、まず牛の敷料に使う

やいた竹炭の山。
左はカキ殻

竹廣さんは、大きな穴の中で一度に5ｔの
竹を豪快にやく（詳しくは18ページ）

炭ってどんなもの？

木や竹を空気中で燃やせば炎を出して燃え上がり、やがて灰になるが、空気（酸素）を少なくして燃やすと炎が出ずに炭になる。炭には燃料としての用途のほか、農業や暮らしの中で役立つさまざまな効用がある。

木や竹から炭ができるまで

～180度

水分が水蒸気となって出ていく

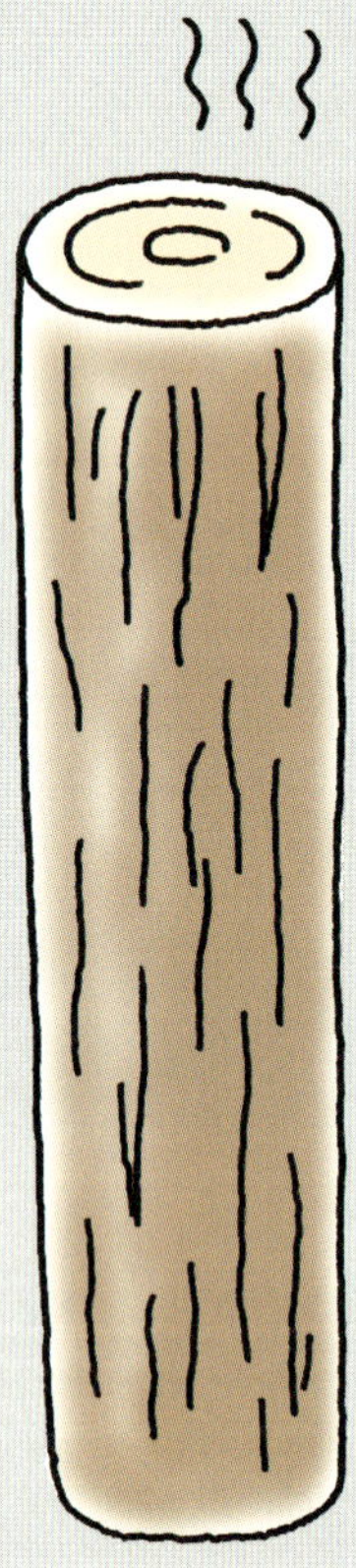

空気中で燃やした場合は…

木に含まれている成分がガスとなって炎を出して燃えるうえ、炭素もどんどん燃えてなくなってしまう

200～310度
200度まで上がると木の成分のヘミセルロースが、310度になるとセルロースが、それぞれ熱分解して濃い白い煙となって出ていく
310～400度
リグニンも分解。薄い青色の煙になって出ていく

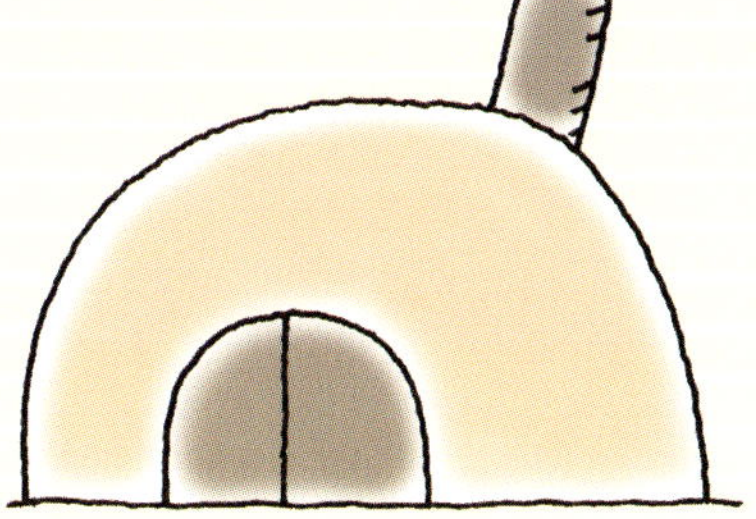

煙が透明になったら炭化は終わったと判断。窯を完全に密封する。自然に窯の温度を冷ましたら、あとは炭を取り出すのみ

完成！

炭素以外のほとんどの成分が出て行ってしまう。残った炭素の塊が炭

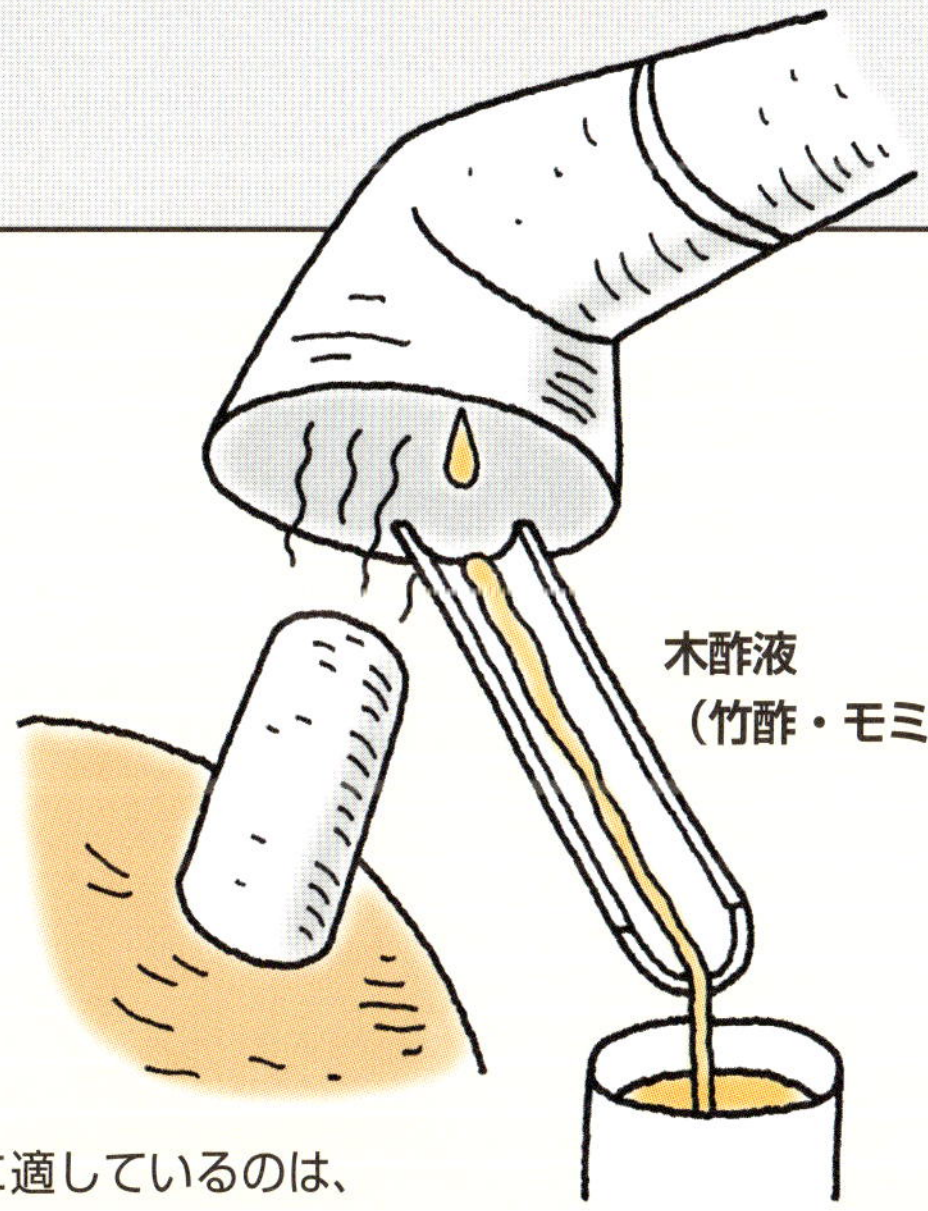

木酢液
（竹酢・モミ酢）

木酢液を採るのに適しているのは、濃い白い煙が出ている状態。ガス化した木の成分が冷えて液体になったものが木酢液

やき方で変わる炭の特徴

炭はやくときの温度で硬さやpHが変わり、用途も変わる

消し炭

薪など燃えている状態のものの火を途中で消してつくった炭。低温でやかれているので、やわらかくて農業利用（土壌改良など）に向いている。18ページのような穴を掘って簡単にやける「伏せやき」の炭もこのタイプ

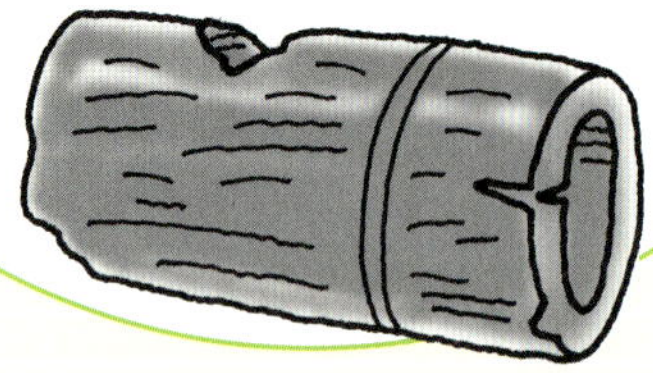

黒炭《くろずみ》

400～700度で炭化。比較的やわらかくて火付きがよい

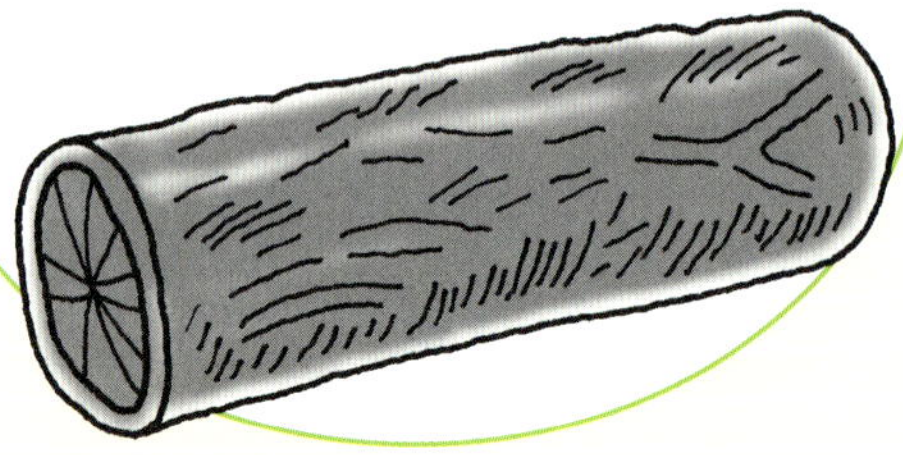

白炭《しろずみ》

窯の温度が炭化がほぼ終わる400度に上昇した段階で窯口を開き、空気を送り込むと、窯の中にたまったガスが燃焼して温度が一気に1000度くらいまで上がる。すると組織の凝縮が進み、たたくとカンカン音がするほど硬い炭になる。火付きはよくないが火持ちはよい。pHは9.5前後と高い。備長炭が代表

農業に向くのは、伏せやきでやいた炭や野やきした消し炭、モミガラくん炭などのやわらかい炭。簡単につくれるのでどんどんやこう

炭化温度と炭の特徴

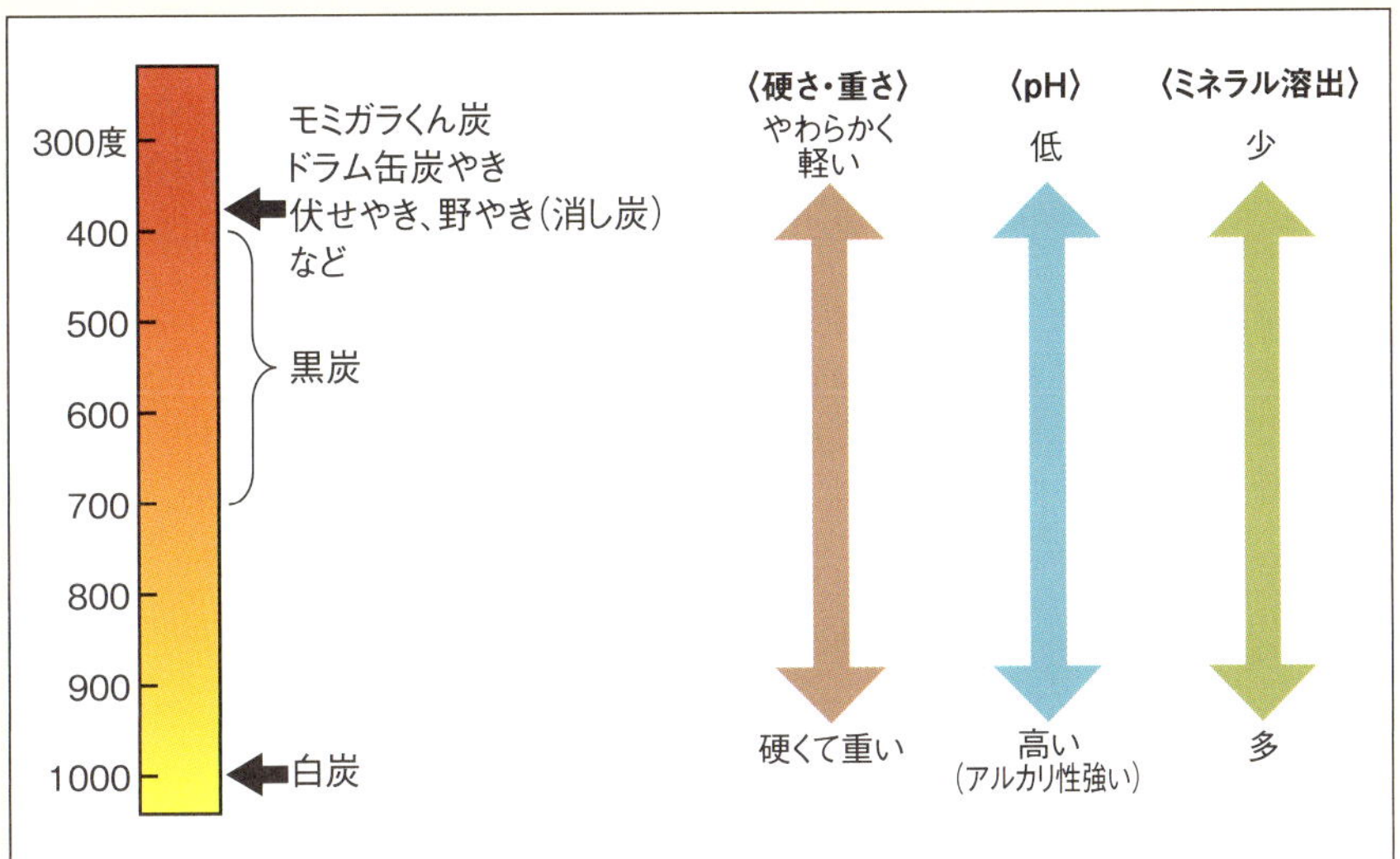

＊ちなみに活性炭とは、一度炭化したものを800～1200度の高温の水蒸気中で酸化させ、超多孔質（800㎡／g以上）にした特殊な炭

高温でやいた炭ほどミネラルは木や竹の組織からはじき出され、水に溶けやすくなり、pHが高くなる。ただし、ミネラルだけ利用するなら灰にしたほうが手っとり早い

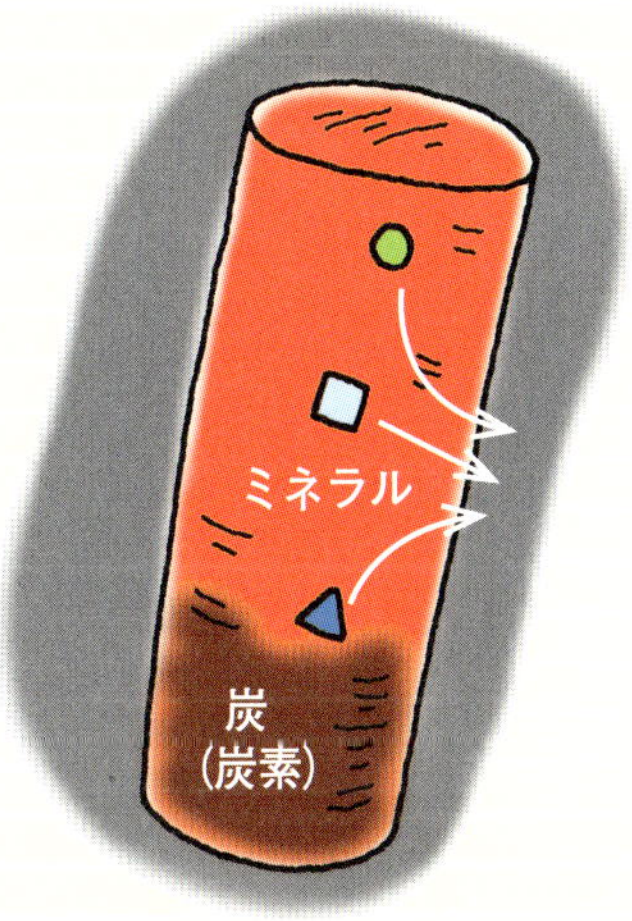

炭の構造

植物が水や養分を運ぶ管、細胞の形が残っているから、数ミクロン～数百ミクロンのパイプを束ねたような構造をしている

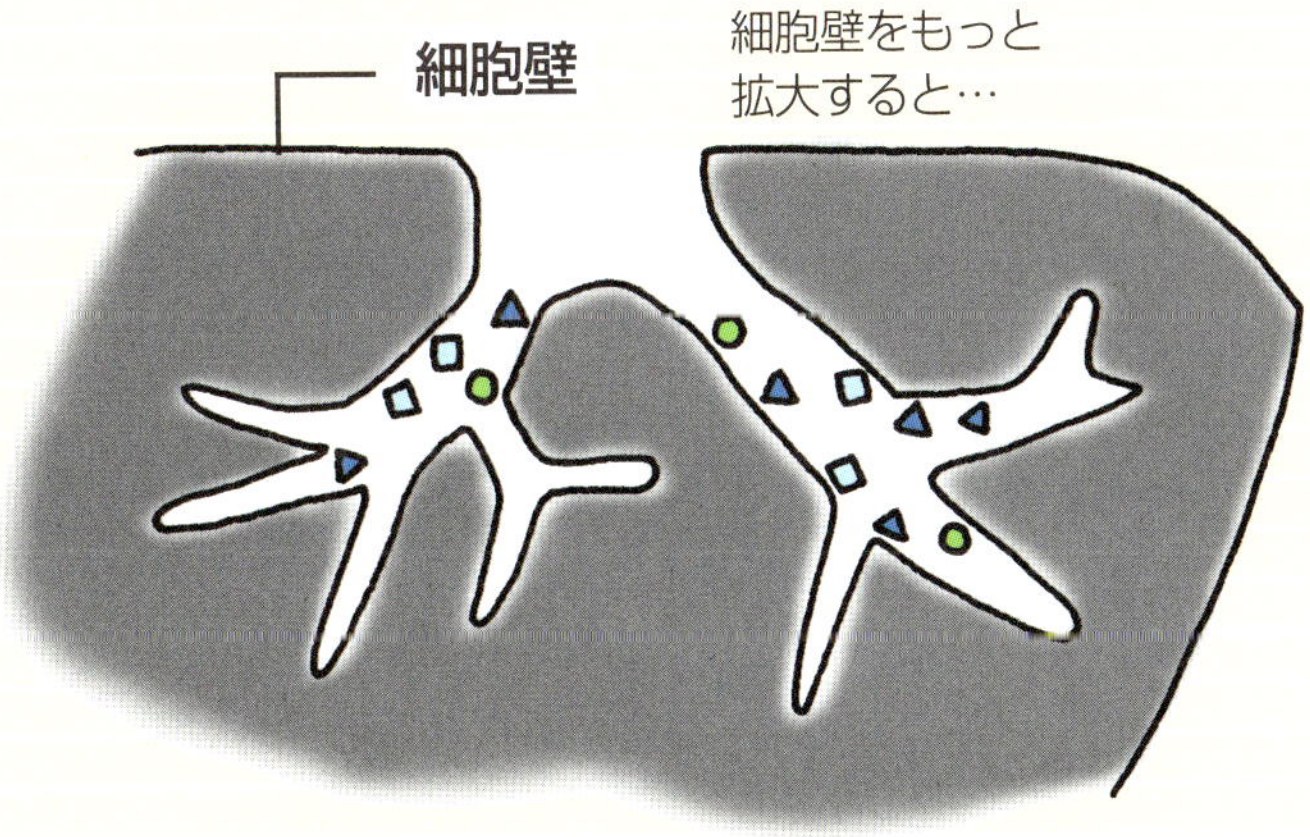

カリ・カルシウム・マグネシウムなどのミネラルが水に溶け出しやすくなる

木材が炭化して収縮すると、細胞壁の表面には、さらに微細な孔ができる。そのため炭１gの表面積は200～400㎡もある。また、木に含まれていたミネラル成分が水に溶け出しやすくなる

炭の断面

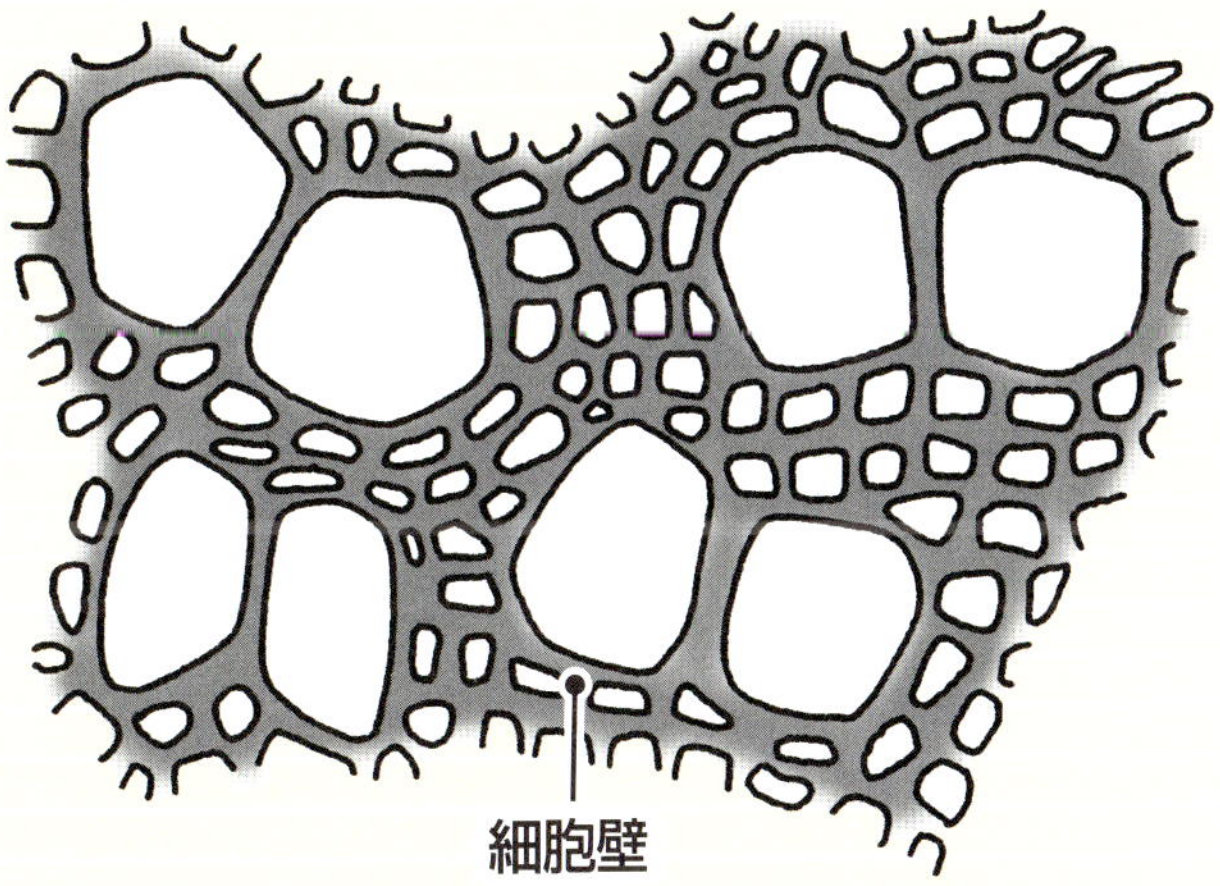

１ミクロン（μm）＝1000分の１ミリ（㎜）

炭は微生物を元気にする

炭の中の微細な孔が微生物のすみかになるとよくいわれるが、炭には微生物が飛びついてくる、炭の出す音波に微生物が引き寄せられる、といった研究もある。とにかく微生物は、炭があると俄然、元気になってしまうようなのだ

炭があると
元気になるよ

ボカシ肥や堆肥に炭を混ぜる農家は多い。ボカシが腐敗しなくなる効果や、そのボカシや堆肥を畑に入れると作物の生育をよくする効果もあるようだ

炭が発する音波が微生物を活性化するという研究がある（51ページ）
ヤッホー
エサだ
炭を川や池に入れると、炭の表面に微生物の膜（バイオフィルム）ができて浄化力を発揮する

炭の吸着作用

炭の最大の機能。ニオイや湿度のほか、農業利用の場面では、肥料の吸着効果も期待できる

ニオイをとる

吸着されたニオイの分子などは簡単に離れるので、煮沸すれば吸着効果が戻る

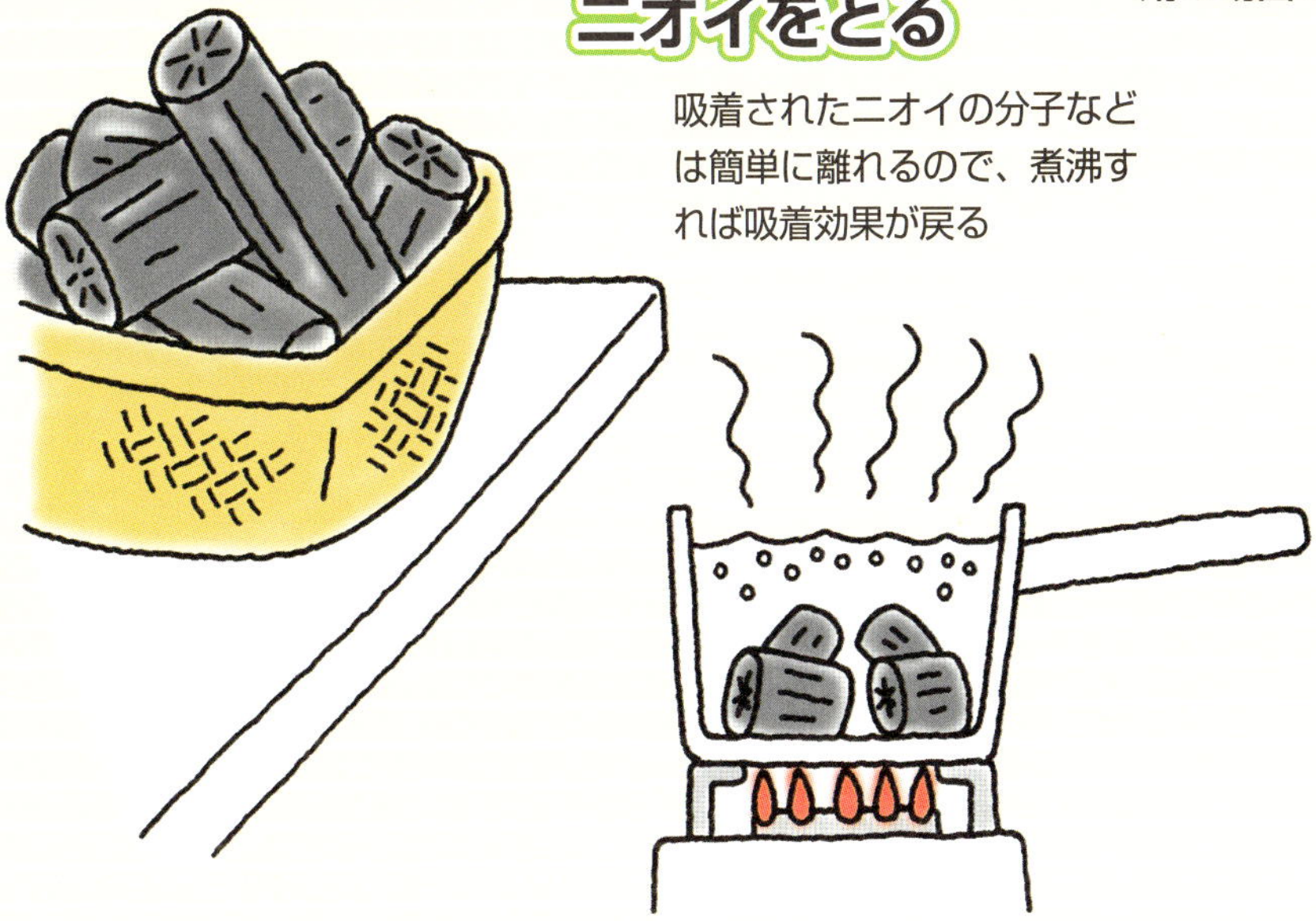

空気中の水分を調湿

炭の水蒸気吸着能力は高湿度になると急激に増加する。逆に湿度が50～70%の乾燥した日には水分を放出し、調湿材として働く

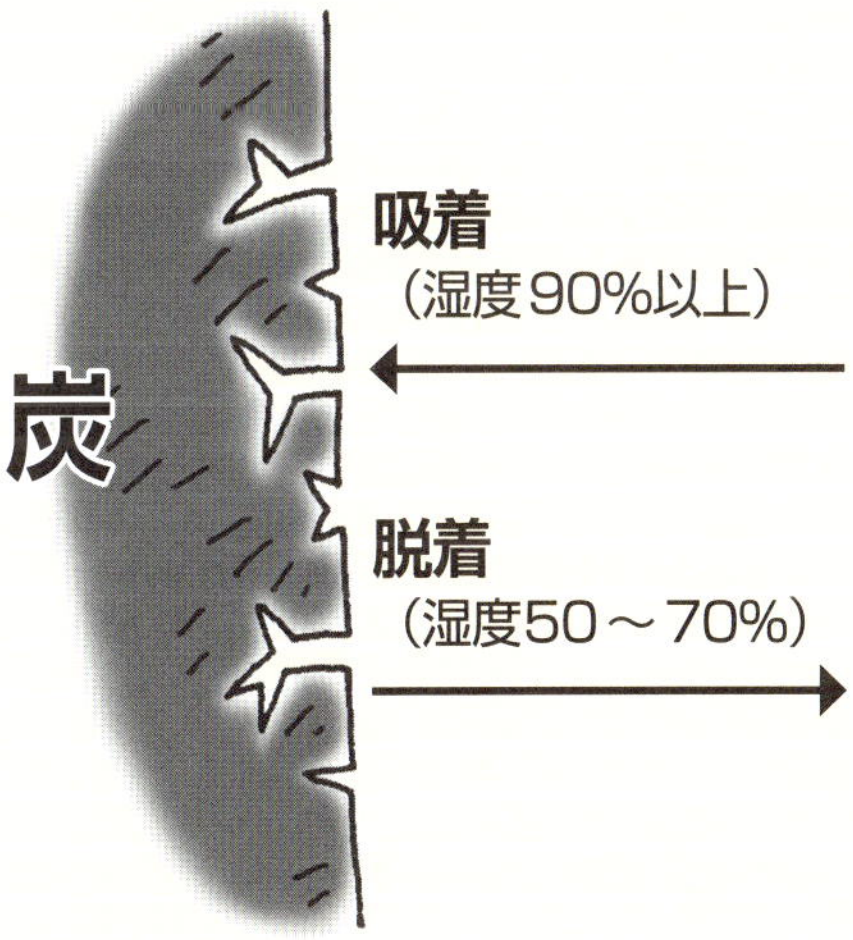

放射性物質も吸着

チェルノブイリの事故後、周辺住民の治療にあたった医学者の話。子どもたちにヨードの溶液を飲ませようとしたところ嫌がって吐くので、代わりに消し炭をすりつぶして飲ませた。真っ黒になった便は放射能が異常に高く、放射性物質を吸着したと考えられた。ロシアには、毒物を誤って食べたり、お腹をこわしたりしたときは炭の粉を飲ませれば治るという民間療法があるという

（『きのこは安全な食品か』小川真著より）

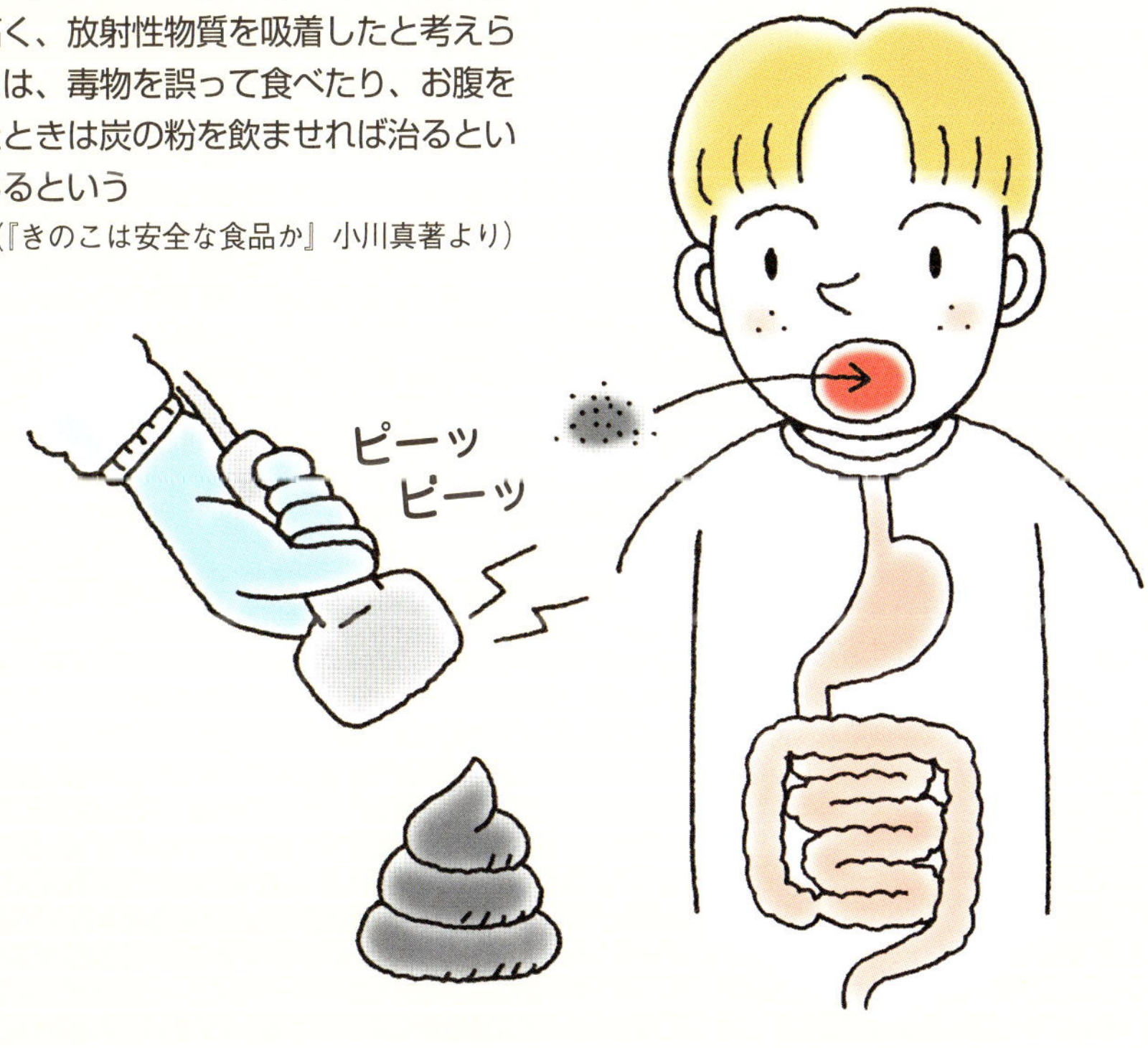

炭が作物にもたらす効用

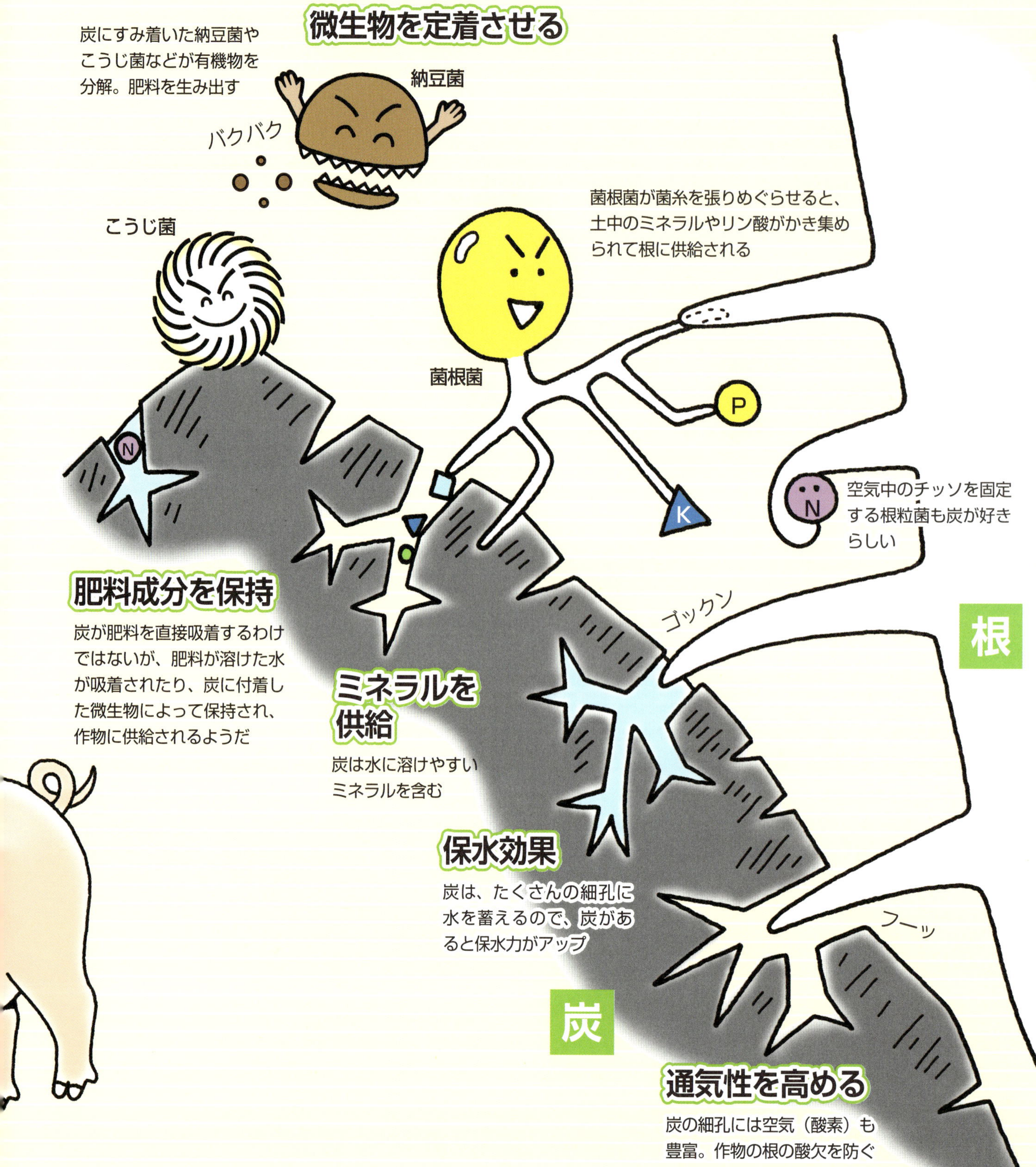

家畜も炭が好き

広島県三次市の竹廣博昭さん（6ページ）は、牛舎の敷料に竹炭を混ぜる。竹炭は牛に踏まれてやがて粉々に。炭の吸着力のおかげか嫌なニオイはまったくしない。ハエも来ない。それに牛の下痢もなくなる

くん炭だけでなく、竹炭などを砕いて鶏のエサに混ぜたり鶏舎の床に入れる農家も多い。鶏の健康にも炭！

豚約800頭、鶏800羽などを飼う青森県鰺ヶ沢町の長谷川自然牧場では、500ℓの窯８基で１週間7000ℓほどのモミガラくん炭をやく。うち3000ℓは、米ヌカ、オカラ、パンくず、腐葉土などと混ぜて発酵飼料に、残り4000ℓは敷料に。豚の病死がほとんどなくなり、豚舎・鶏舎の悪臭もなくなった

（2009年11月号「豚も鶏も病気が出ない！くん炭と発酵エサで牧場全体、善玉菌の世界」）

※参考：『つくってあそぼう火と炭の絵本』（農文協）、『おもしろい炭のはなし』立本英機著（日刊工業新聞社）

手軽にどんどんやく

大きな穴で豪快にやく竹炭

広島県三次市・竹廣博昭さん

毎年冬に 15 ｔもの竹を炭にするという竹廣博昭さん（6ページ）は、地面に掘った大きな穴で豪快に炭をやく。農業用にピッタリの多孔質で軟らかい炭が量産できるのだ。

DVDでもっとわかる

1

炭をやく穴の大きさは幅3ｍ×奥行き1.5ｍ×深さ1.3ｍ。1回に約5ｔの生竹がやける。炭をやく日は、普段は引火の心配の少ない曇りや小雨の日を選ぶが、今回は撮影のために晴れた日にやっていただいた（写真はすべて黒澤義教撮影）

3

2

まず着火用に、マキの枝を穴の深さの半分くらいまで投げ込んで燃やす。マキは強火が持続するので竹をドカドカ入れても火力が落ちない

生竹をどんどん投げ込む。ある程度入れたら少し間を置き、全体がやけてきたら次の竹を投げ込む、というふうに次々入れていく。この日は朝10時から作業を開始し、すべての竹を入れ終えたのは夕方6時半

全体がこのくらいやけて炎が上がってきたころが、次の竹を入れる目安

4

最後の竹が7割くらいやけたら、水をかけて炎を消し、表面をならす。その上に鉄板でフタをし土をかぶせ空気を遮断。3～4日後に取り出す

風に強い
穴底くん炭やき

宮崎県延岡市・川崎徳光さん

モミガラくん炭やきは風が吹いている日は難しい。「炎が上がって気がついたら灰になっていた」なんて失敗はよくある。延岡市の川崎徳光さんのくん炭やきは、地面に穴を掘ってその中でやく方法。風の影響を受けないため、特別な装置なしで誰でもきれいなくん炭がやけるのだ。

＊ 2010 年 12 月号「風に強い　穴底くん炭やき」

川崎徳光さん。大きさ直径1.5ｍ、深さ1.2ｍの穴を掘ってくん炭をやく（すべて田中康弘撮影）

穴底で雑木を30分燃やしたら、穴底の中央に煙突用の青竹を立てる（前日降った大雨のためこの日は多めの雑木に火をつけたが、普通はこの半分の雑木で十分）

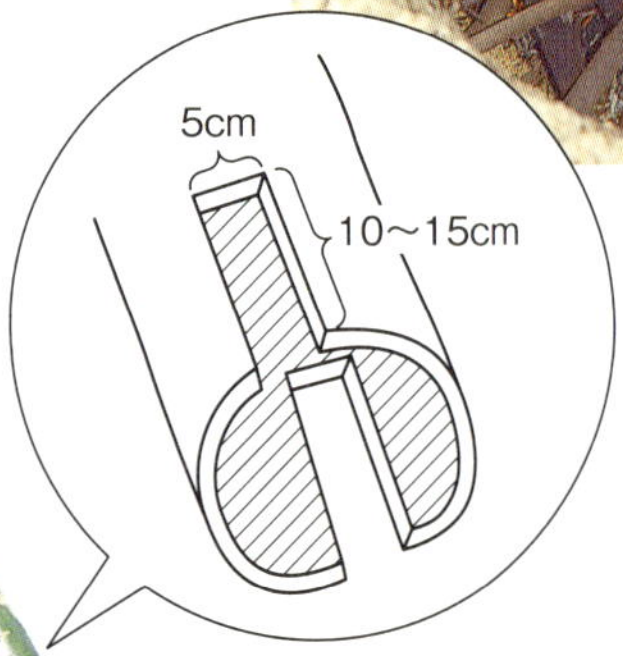

煙突に使う1.4ｍの青竹。節を抜いて下に2カ所切り込みを開けてある

すぐに青竹の周りにモミガラを適量入れて青竹を支える。竹の煙突から白い煙が出ているのを確認したら、どんどん穴にモミガラを入れて山にする。24時間後、かさが減るのでモミガラを足す

さらに24時間後。山の表面が真っ黒になったところで300ℓの水をかけて消火。1週間後に穴から取り出す

穴底でやいたくん炭。灰になる心配がない

ドラム缶で消火
大量のせん定枝を炭に

田屋富士男

準備するもの

私がせん定枝を炭にする場所は果樹園のほぼ真ん中で、作業小屋などの建物から離れているため、万が一の延焼もない場所です。

一度にやく量として、軽トラ２～３台分のせん定枝を用意します。これでおよそドラム缶１杯分の炭になります。そのほか準備するものは図の通り。

やくときは、焚き火をするのと同じ要領で、焚き付け用のものとせん定枝を積み上げ、火力がついてきたなら、当年のせん定枝をどんどん入れ、およそ２～３時間で一気に燃やします。

せん定枝が燃えて白い煙が出なくなったら、長い柄の付いたスコップで残らずドラム缶に投入。鉄板（燃えない材質のもの）でフタをします。すき間があると中の炭が灰になってしまうので注意が必要です。この状態で２～３日おき、ドラム缶の表面が冷たくなれば完成です。

規模の大きな焚き火と考え、消防署に一報入れておけば安心。また私は、消火用にスピードスプレーヤに水を入れておくようにしています。 **（岩手県盛岡市）**

＊ 2010 年 12 月号「ドラム缶で消火　大量のせん定枝を炭に」

やき方

①焚き付け用のものから順にやく

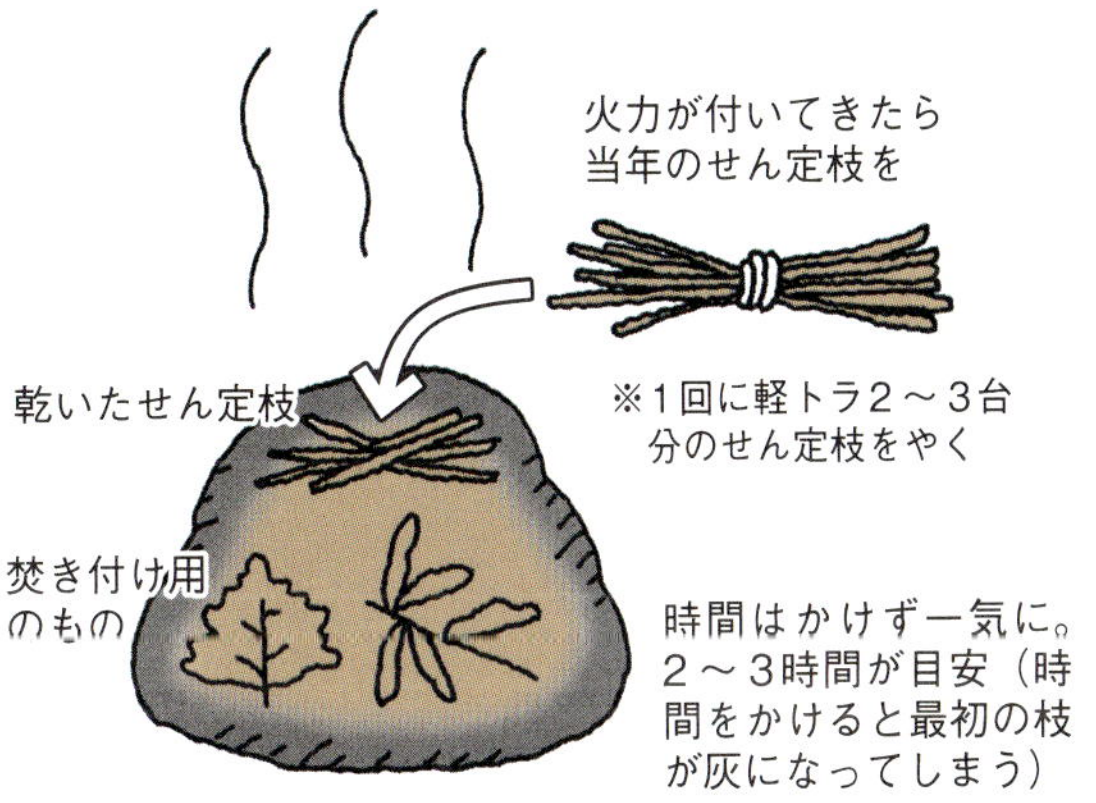

②白煙が出なくなったらドラム缶へ

③フタをして重石　２～３日おけば完成

きれいな炭が
1日でやける！

スピード ドラム缶窯

長野市・炭焼き倶楽部

DVDでもっとわかる

白煙がたなびく山間に薪割りの音が響き、オヤジたちのにぎやかな笑い声が聞こえる。

ここは長野市内にある「炭焼き道場」。使っているのはドラム缶などの廃品を材料に、独自に設計したオリジナルの炭窯７基。「誰でも簡単に、１日でやける」のが評判で、宣伝してもいないのに「窯を譲ってほしい」という問い合わせがくる。

どんな窯だろうか？　道場の門をたたいてみよう。

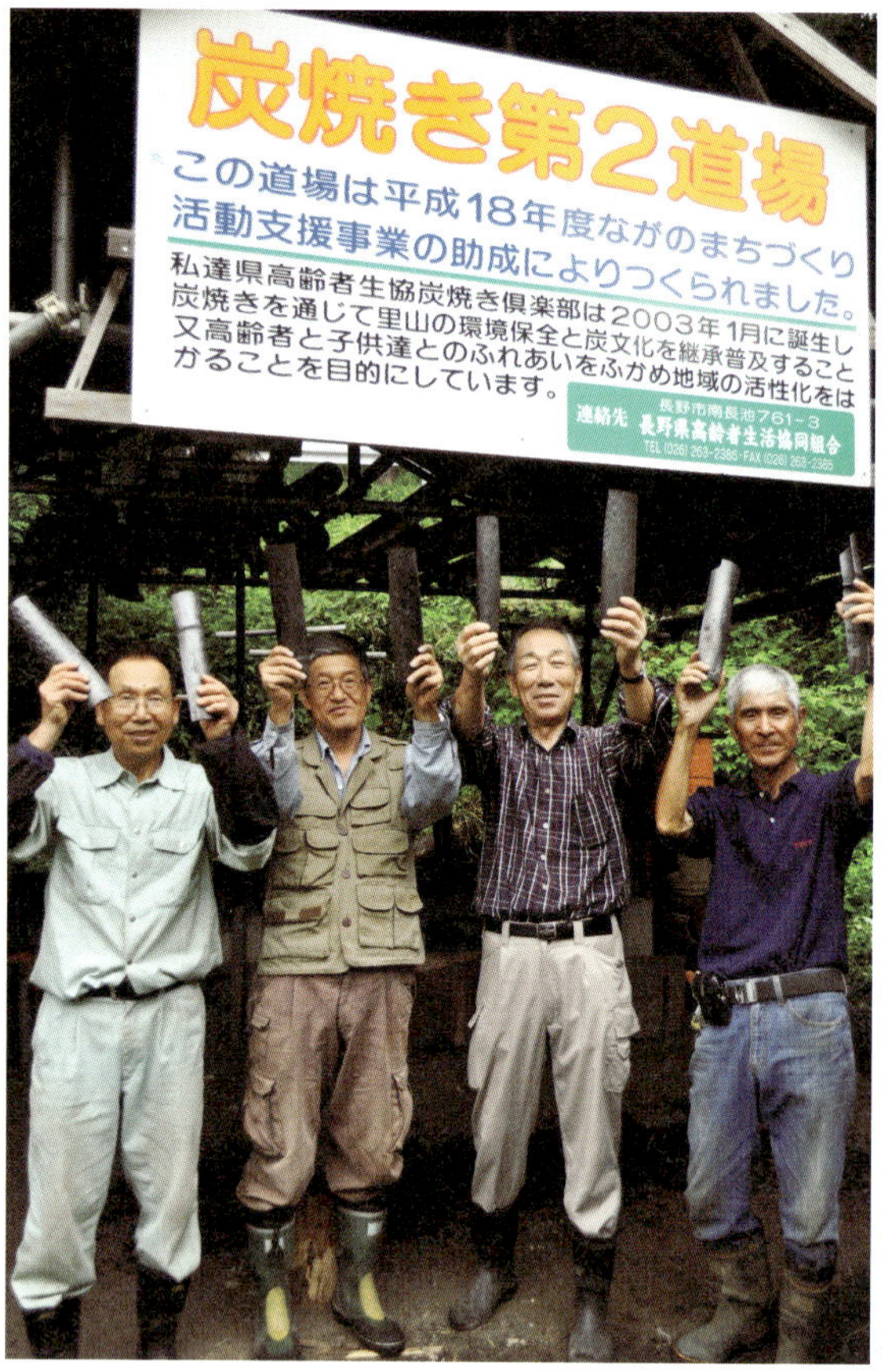

「炭焼き倶楽部」の面々。左から長田郁孝さん、北原茂さん、村田茂さん、小林昭三さん

定年退職後のオヤジたちが集まった

「道場」を運営するのは、長野県高齢者生活協同組合の「炭焼き倶楽部」。六〇〜七〇代の定年退職者を中心に男性一〇名が集まり、荒れた里山を整備したり、伐った竹や木を炭にやいたり、市民向けの炭やき講習会を開催するなどの活動をしている。

倶楽部のメンバーは、定年前はそれぞれ異なる職業に就いていた。代表の村田茂さんは電力会社勤務。ダムにたまる流木を有効活用する事業を担当したときに炭と出会ったという。

「炭入りの枕を自作し、カビ臭い単身赴任寮の押入れに入れておいたんです。三カ月ほど経ってにおいをかいだらカビ臭さが消えていた。会社の後輩も驚いた。それ以来、炭のとりこです（笑）」

退職後すぐ、炭製品を製造・販売する会社を自ら設立。寝具や壁材などを開発してきた。その知識と経験を生かして、平成十五年に炭焼き倶楽部を結成。コーディネーターとして運営全般を取り仕切っている。

一方、ドラム缶炭窯を設計・製作したのは、建設会社を退職した西田孝則さん。村田さんとは十年来のつきあいだ。昔から炭やきに興味があったという西田さん。勤めていた時に身につけた溶接の技術をいかし、ドラム缶炭窯をいくつもつくっては改良を重ねてきた。現在のかたちに落ち着くまで三〇個以上試作したという。

燃焼室に薪をくべたら、最初は焚き口をうちわであおぐ。やがて窯の奥へ煙の道ができ、煙突から煙が盛んに出るようになる

煙の温度が83～85度になったら炭化が始まっている

点火から消火までわずか六時間

「一日でやけるようにしたい」。これが改良の最大のポイントだった。倶楽部のメンバーが集まるにしても、講習会を開くにしても、炭をやくのは週末の限られた時間しかなかったからだ。

当初、見よう見まねでつくったドラム缶炭窯は点火から消火まで八～一〇時間程度かかった。これでは、朝早くに火をつけたら夕日が沈むまで火を見ていなければならない。しかし改良した現在の窯なら五～六時間。火を管理する時間が半分で済むようになった。それでも炭はきれいにやける。

窯の構造はいたってシンプルだ。ドラム缶まるごと一個の「炭化室」に、輪切り半分サイズのドラム缶を「燃焼室」としてくっつけただけ。この二部屋構造は、一般的なドラム缶炭窯と基本的に変わらない。

では倶楽部の窯はどこが違うのか。

巷でよく見かけるドラム缶炭窯は、一斗缶を燃焼室として利用するものが多い。これだと燃焼室が小さいため薪がくべにくいし、煙の流れができにくいためか、燃焼時間も長くかかる。

その点、倶楽部の窯は、焚き口が大きいから薪がくべやすい。燃焼室自体が窯全体の三分の一と広いのでガンガン燃やせる。吸い込みも強いため、熱が炭材に伝わるのも早い。だからより短時間でやけるのだ。

やき方の実際

さあ、いよいよ炭やきが始まった。今回使ったのは三カ月前に伐って陰干ししておいたハチク。重さはお

よそ四〇kg。

午前九時に火をつけたら、午後三時には火を消し、翌日昼にはやき上がる予定だ。

作業は大きく分けて三つ。口焚き、炭化、冷却。そしてそれぞれの作業判断は煙を目安にする。「煙の変化を見ることは熱の動きを確認することと同じ」と村田さんは教えてくれた。それさえ覚えれば誰でも簡単に炭がやける。

▼口焚き――熱を炭化室へ送る

燃焼室に薪をくべると、最初のうちは煙が焚き口へ戻ってくるので、しばらくうちわであおぎ、空気を窯の中へ送り込む。やがて窯の奥へ煙の道ができ、煙突からも煙が出るようになる。

奥までしっかり煙がつながると、煙突から白い煙が上空へ向かってスーッと立ち上がり、焚き口側に戻る煙はほとんどなくなる。

あおぐのをやめても煙突からさかんに煙が出るようなら、窯自身が煙を吸い込むようになったと判断。火力が強くなり過ぎないよう焚き口を半開にする。

炭を窯から取り出す。村田さんも納得の出来栄え

▼炭化――炭材を三〇〇度で熱する

煙の温度を測って八二～八五度になったら、窯のなかが炭化に必要な三〇〇度ほどに達したと判断。小枝一本ほどのすき間を残して焚き口を閉め、おき火だけにする。この時点では煙はまだ白い。

▼冷却――自然に冷ます

数時間経つと煙が透明になる。ここで炭化は終わったと判断。まず焚き口を土で覆って密封。少し時間を置いて煙突の口にフタをする。最後に窯の上部も土で埋めて完全に密封。翌日までそのままにし、自然に窯の温度を冷ます。

おもな作業はこれだけだ。やくだけなら半日仕事。明るいうちに作業を終えることができる。

翌日の朝には出来上がり

翌日朝。窯の上部が、手でさわれるくらいに温度が下がっている。窯のフタを開けてみると、中からきれいな竹炭がぞろぞろ出てきた。村田さんも納得の出来栄えだ。重さは約一〇kg。やく前のおよそ四分の一になった。

やいた炭のうち、上部には、小さく砕けたり灰のようになる部分も少しある。でも村田さんによれば「そういうものは畑に使える。捨てるところなんてないですよね」。

ちなみにこの炭窯、長野市内を中心にこれまで一〇基が売れ、せん定枝の処理や地域おこしなどに利用されているという。村田さん曰く「あちこちで道場の分家が活躍していますよ」。

DVDでもっとわかる

窯のつくり方

◆材料

ドラム缶は3個用意。うち1個は上フタに使うだけなので縦半分あれば足りる。廃品なら燃料用よりも果汁など食品用を用意したほうが安心。

窯本体と煙突のつなぎ目になるエルボは、耐久性を確保するためガス管などに使う厚めの鉄管に。このほか、鉄のL型アングル、丸棒、焚き口のフタに使う鉄板。

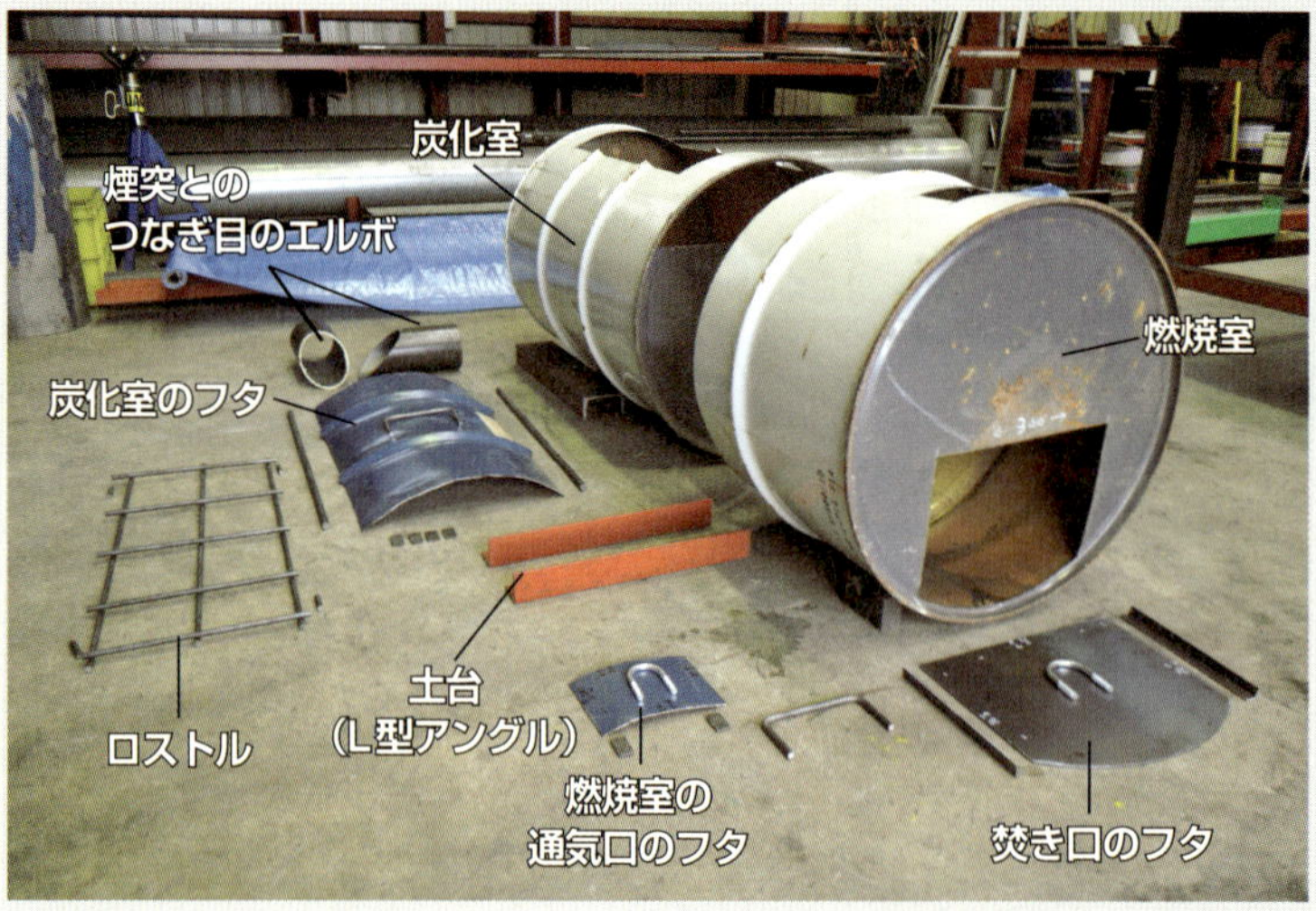

組み立て前のドラム缶窯

◆溶接・切断

溶接の心得があれば加工自体はそう難しいものではない。鉄工所に頼んでも半日でできる程度だ。倶楽部ではいつも町の配管工場に製作を依頼している。

工場によると「ドラム缶は鉄厚が薄いので、サンダー（グラインダ）でも切れる。溶接も単純なので、鉄工所なら当たり前にできる作業」とのこと。

◆設計

設計上のポイントは3つ。

①燃焼室の焚き口を大きくとる。高さ24㎝、幅30㎝で薪が入れやすく、中の燃え具合も確認しやすい大きさ。

②炭化室と燃焼室との境の壁上部に半月型の口を開けている。これは熱風を炭化室へ送るための火口。口の高さは14㎝。

③炭化室から炭材を出し入れする開口部の上フタを、開口部より少し大きめにつくる。開口部を切り取った部分をそのまま上フタにするとどうしてもすきまができ、熱がどんどん逃げてしまう。フタ用のドラム缶をもう一つ別に用意し、開口部をしっかりふさげるよう大きめの上フタをつくる。

なお、仕上げの塗装も欠かせない。見た目の美しさ以上にサビ止めの効果が大きいからだ。

手に持っているのが開口部より大きめにつくったフタ

組み立てを終えたドラム缶窯にサビ止めの塗装

窯設置のポイント

・ドラム缶窯を設置する際は水平もしくは煙突側を若干低くし、煙（熱）が炭化室の下部まで回るようにする。

・土台の土に雨水などがしみていると窯の温度が上がりにくい。窯の周囲に溝を掘っておき、水はけをよくしておく。缶の底部がサビるのを防ぎ、窯を長持ちさせることにもつながる。

熱に強くて長持ち
軽量ブロックの炭窯

埼玉県ときがわ町・菅原陽治さん

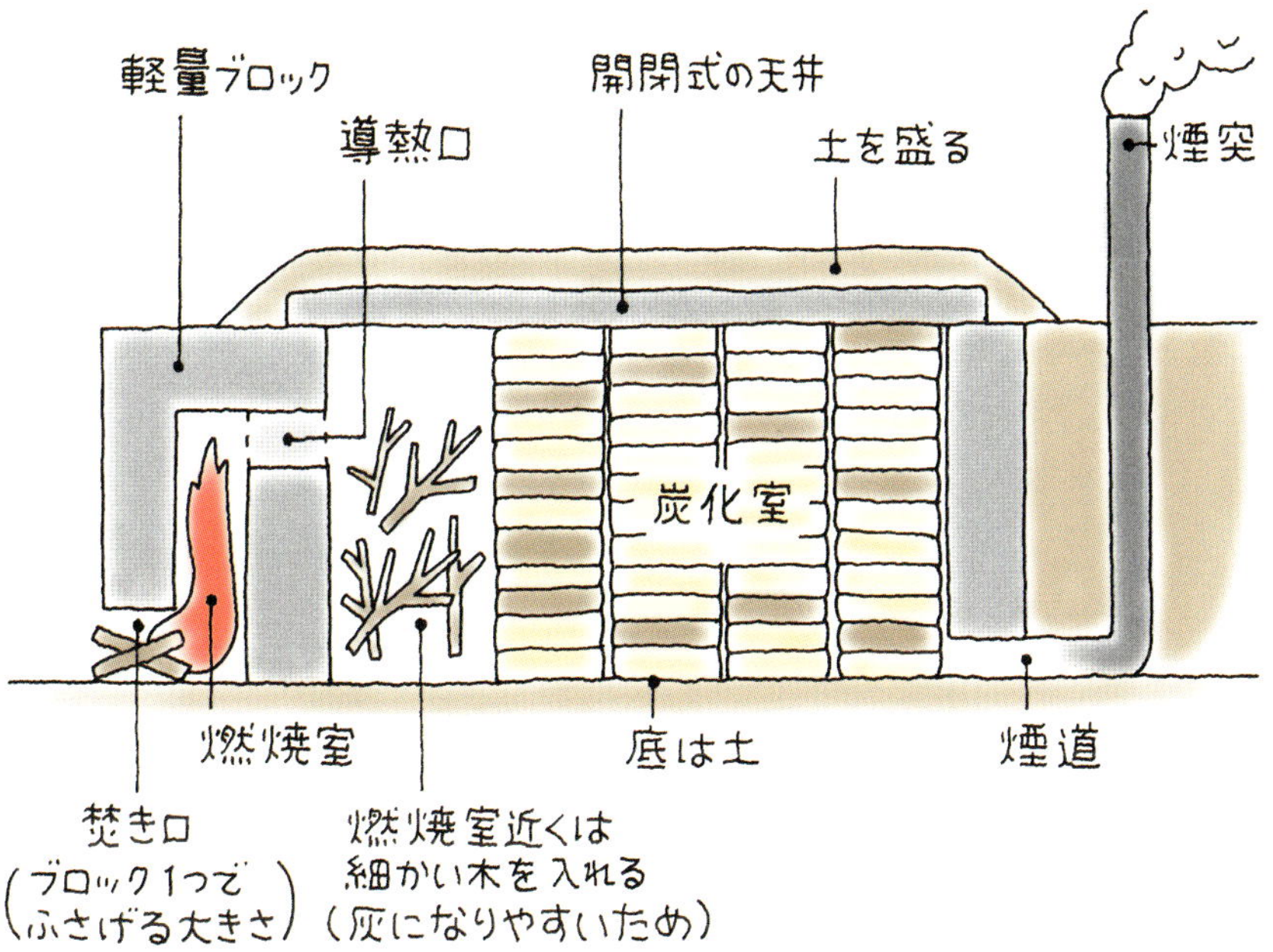

軽量ブロックは高熱に強い

菅原陽治さん（七三歳）は炭やき歴一〇年。はじめの三年間はドラム缶や重量ブロックを使って炭やきしていたが、どちらも熱で傷んで使えなくなってしまった。ドラム缶もブロックも手入れをすればもう少し長持ちしたかもしれない。でも、菅原さんが目指していたのは「手入れせずに長く使える炭窯、年寄りにもできる炭やき」だった。

菅原さんは、次に軽量ブロックを使うことにした。軽量ブロックは重量ブロックより軽くてもろく、野ざらしにすると崩れやすいというが……。

「それがね、炭窯には向いてるんです。軽量ブロックには熱に強い硅石ってのが入っていて、重量ブロックより熱に強くて、しかも安い」

年間通じてどんどんやいているが、七年目になる炭窯は今もしっかり現役だ。

菅原陽治さん

軽量ブロックでつくった菅原さんの窯

出し入れ簡単やくのも簡単

「簡単」を追求する菅原さんの炭やきスタイルは、窯の構造にも表れている。

窯の天井部分がすべてフタになっていることが大きな特徴だ。フタを全開にすれば、窯の中に入って作業でき、簡単に炭材の出し入れができる。

天井部分を開閉できるから、炭材の出し入れのために焚き口や導熱口をつくり直す必要がない。それは毎回同じ温度で同じ品質の炭がやけることにつながる。

火入れして約三時間で煙の温度が七〇度くらいに上がるように火を焚き、七〇度になったら火を消して焚き口を塞ぐ。そこから四八時間たって、煙にマッチを当てて、二秒くらいで火がつくくらい温度が高くなったら煙突を塞いで窯全体を密閉（窯止め）、冷却する。

各工程にかかる時間は、毎回ほとんどずれないという。「はじめの三時間で七

窯の天井は、軽量ブロックと同じ軽石・石灰・セメントを混ぜて手づくり

窯の内部。天井が開放されているので出し入れ作業がラク

今日もまずまずの炭ができた

炭化室の軽量ブロックの積み方（燃焼室は省略）

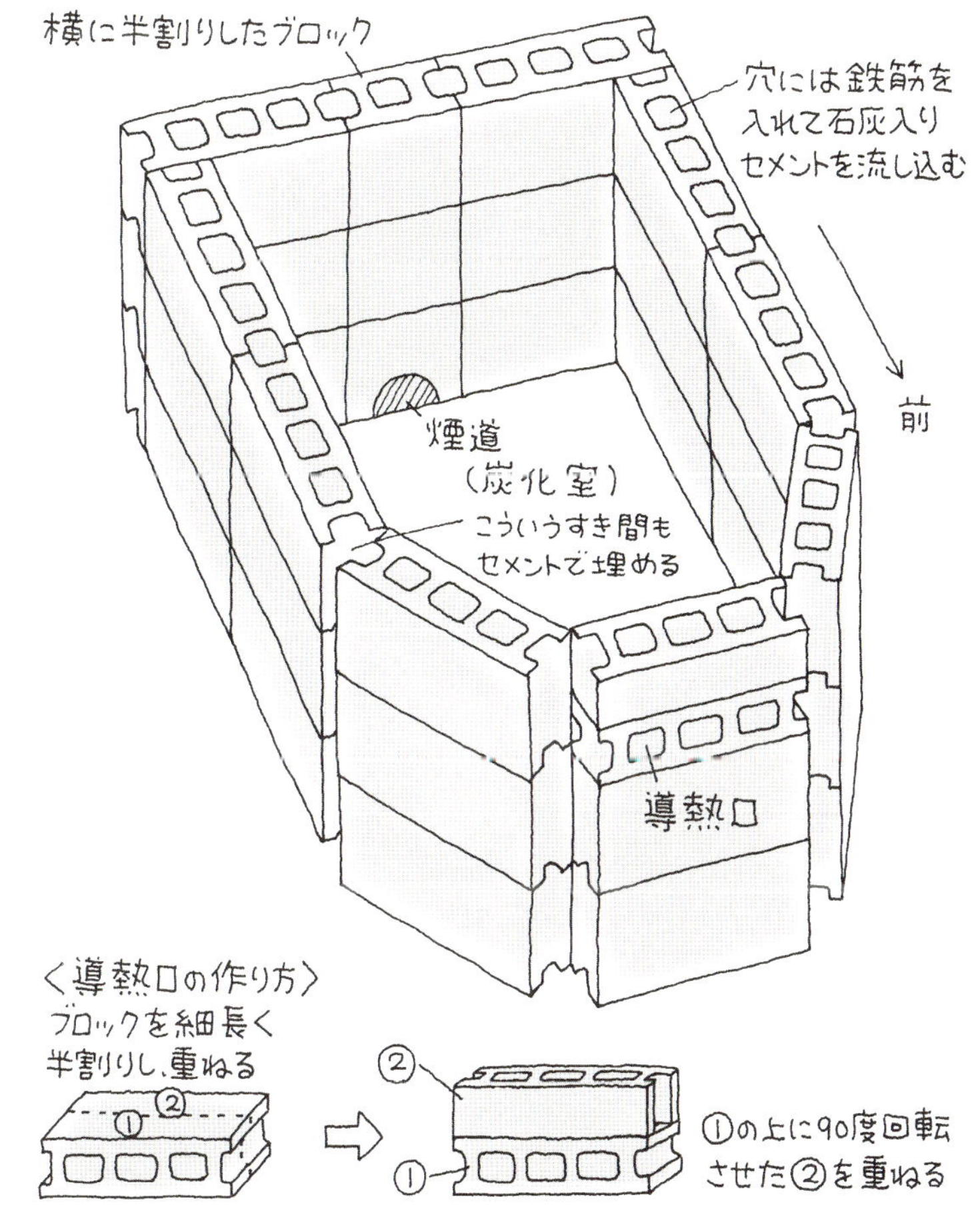

〇度にすると、不思議なくらいその後の四八時間もずれないんだ」と菅原さんも感心する。断熱性にも優れる軽量ブロックだから、気候などの条件に左右されにくいのかもしれない。

（取材・保原剛史）

軽量ブロックの入手先：
赤城商会（TEL〇二七九―二四―三三一一）

＊「二〇一〇年十一月号「簡単　熱に強くて長持ち軽量ブロックの炭窯」

DVDでもっとわかる

組み立て式炭化炉「簡単スミヤケール」

石井 哲

一人で持ち運べ、三分で組み立てられる

市民の炭やきによく使われるドラム缶式炭化炉は、簡単とはいうものの、運搬、設置となるとけっこうたいへんです。耐久性もよくありません。そこで、運搬がラクで、どこでも簡単に設置でき、耐久性もある簡易軽量炭化炉「簡単スミヤケール」を開発しました。

簡単スミヤケールは、五枚の薄いステンレス製の板（厚さ〇・四㎜）で構成される組み立て式の炭化炉です。組み立ては工具不要で三分以内、分解も一分以内でできます。底板や焚き口の部品を省略し、煙突を薄い長方形にして側面の板と一体化させたことから、部材すべてが板状となり、分解後は一枚の板のように収納できます。

乗用車に積載でき、狭い山道を一人で容易に持ち運べ、山の中の狭いスペースで炭やきができます。耐久性もよく、これまで一二五回以上使用できています。

初めて見た人は「こんなに簡単に炭がやけるとは」とまず驚き、続いて納得されます。ドラム缶で炭やきをしていた方から「この炭化炉のおかげで、ずいぶんと炭やきがラクになった」という感想も聞きました。

折りたたんだ「簡単スミヤケール」とスコップを持って歩く筆者。これだけでどこでも気軽に炭がやける
(写真はすべて黒澤義教撮影)

焚き口も中の仕切りも省略

簡単スミヤケールを組み立てた状態は、一見ただの四角い箱。中も空洞です。ふつう、炭化炉の外側には着火のための焚き口が、内側には焚き付け材と炭材（炭にする材）を仕切る壁がありますが、スミヤケールでは部品を減らすためにどちらも省略しました。

焚き付け材は炭化炉の底に敷き、板と地面のすき間（焚き付け穴）から火をつけます。焚き付け材と炭材の仕切りはありませんが、火が炭材に燃え移り灰になる部分は意外と少なく、収炭率（炭材の重さに対するできあがった炭の重さの割合）はドラム缶炭化炉並みの約一六％はあります。

ただ、板と地面のすき間が狭くて空気が入りにくいので、炭化が始まるまでうちわで空気を送り続ける必要があります。しかし、外部に焚き口を設置する場合に比べて焚き付け材の熱が効率よく炭材に伝わるので、炭化開始までの時間は半分以下（約六分）、焚き付け材の量も一〇分の一になりました。

炭化炉内の温度は、温度がもっとも上がる中心部では九〇〇度以上になることもあり、硬質な炭になります。

着火から消火までの時間の目安は、乾燥した孟宗竹で三〜五時間、スギ、マツ等の針葉樹は五〜七時間、コナラ、リョウブ等の広葉樹で七〜九時間です。消火

次ページで
「**簡単スミヤケール**」の炭やきの手順を紹介！

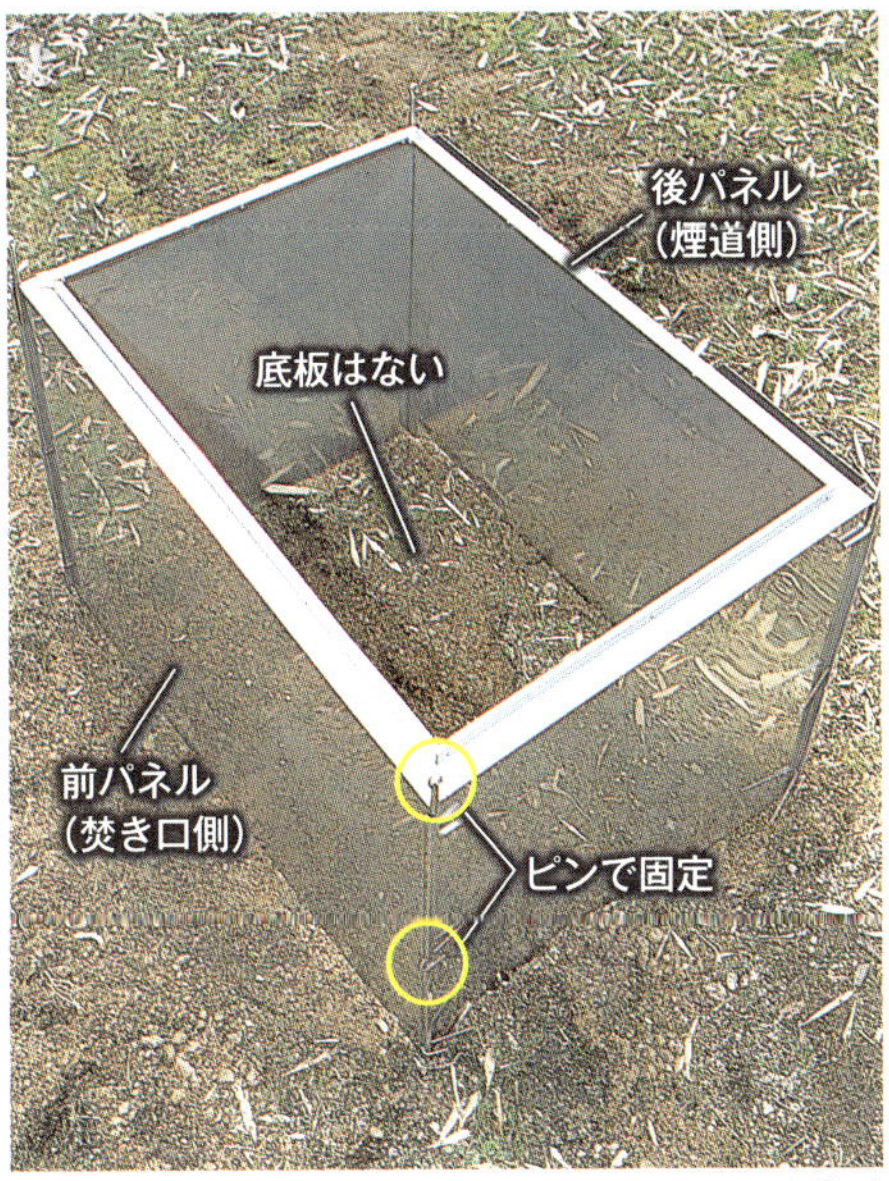

フタ以外の4枚を組み立てたところ。設置場所は平らに整地し、枯葉など燃えやすいものを除去しておく

「簡単スミヤケール」の販売先は63ページ参照

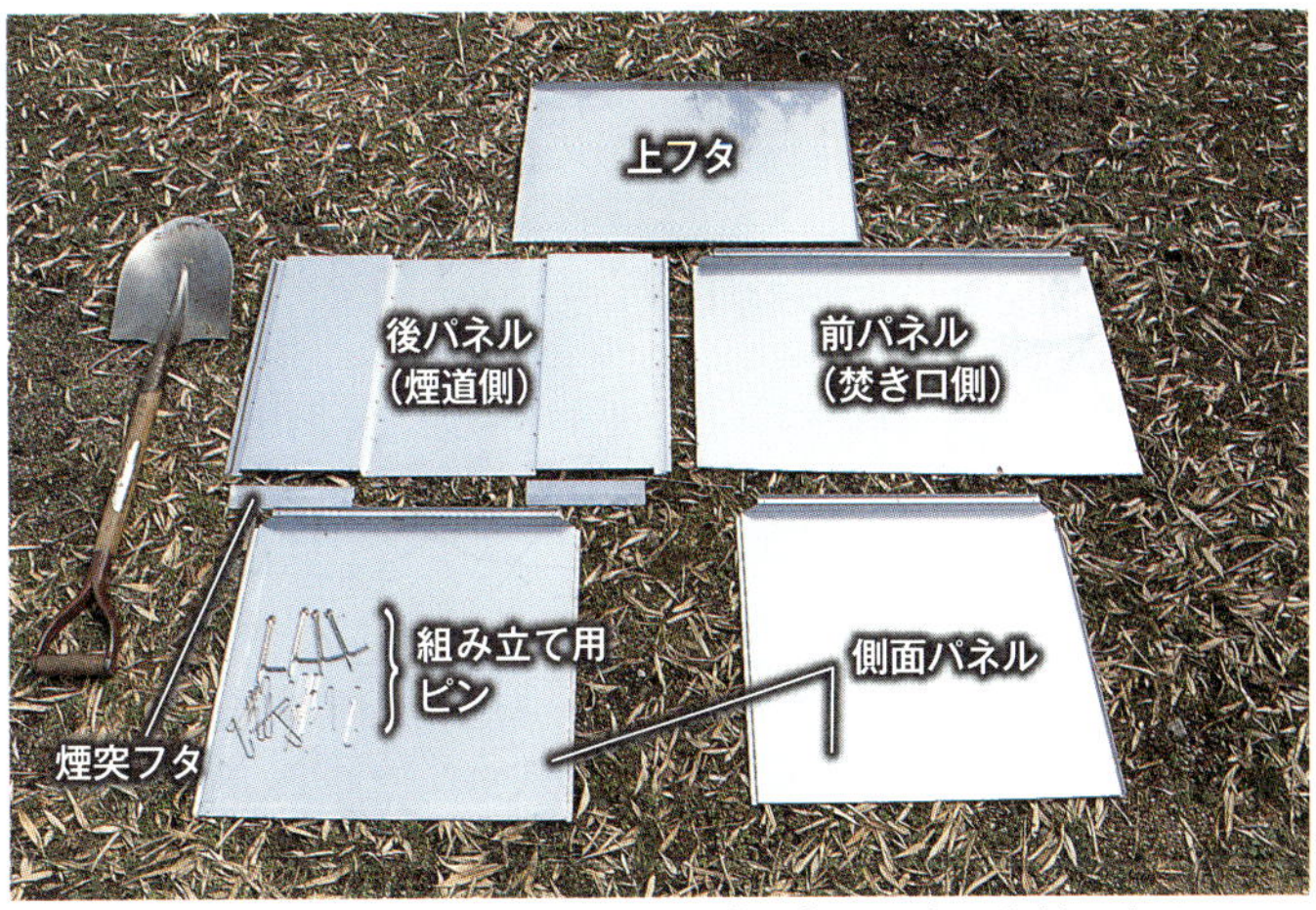

スミヤケールの全部品。折りたたむと一枚の板のように収納できる

後パネルについている薄い四角い筒（矢印）が煙道（煙突）

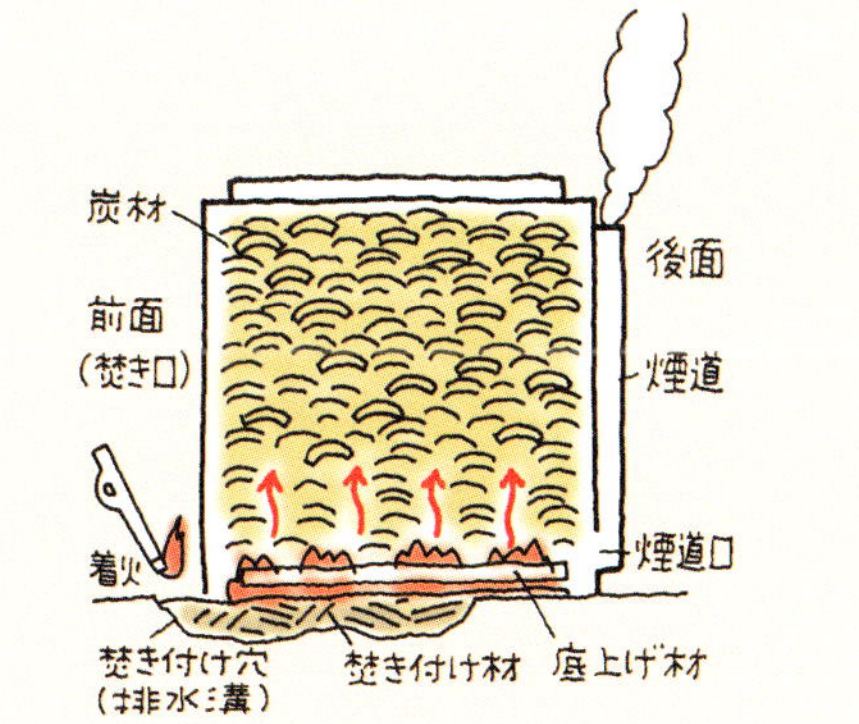

簡単スミヤケールのしくみ

焚き口用の部品は省略。前面の底部に焚き付け穴を掘り、底部に焚き付け材を敷いて着火。焚き付け材の燃焼熱が真上の炭材に直に伝わり炭化開始が早い。奥行きも短いのでドラム缶窯より早く全体が昇温する

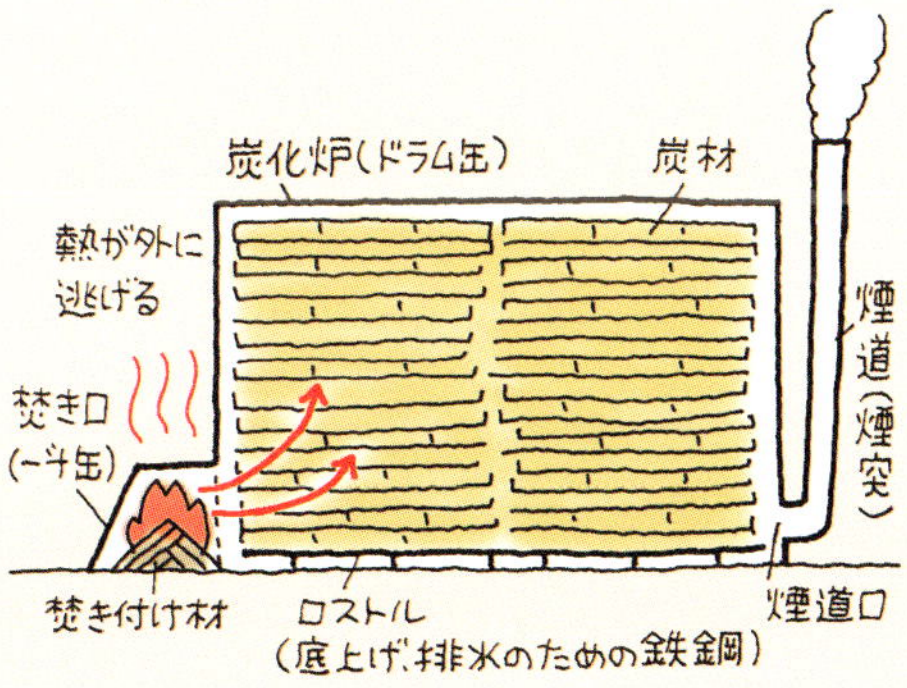

一般的な炭やき窯は…（ドラム缶窯の例）

一斗缶で焚き口をつくり、焚き付け材を燃やして炭化炉に熱を送る。一斗缶の上（炭化炉の外）に熱が逃げやすく、奥の炭材が炭化するまで時間がかかる

後の冷却時間は約三時間なので、竹なら、朝着火すれば夕方には炭出しまですることができます。

（岡山県農林水産総合センター森林研究所）

＊二〇一一年九月号「組み立て式炭化炉『簡単スミヤケール』を開発」

「簡単スミヤケール」の炭やきの手順

1 スミヤケールを仮置きし、四隅にスコップで目印をつけ、いったん外す。下の図で示した場所をスコップで浅く穴を掘って、スミヤケールを戻す

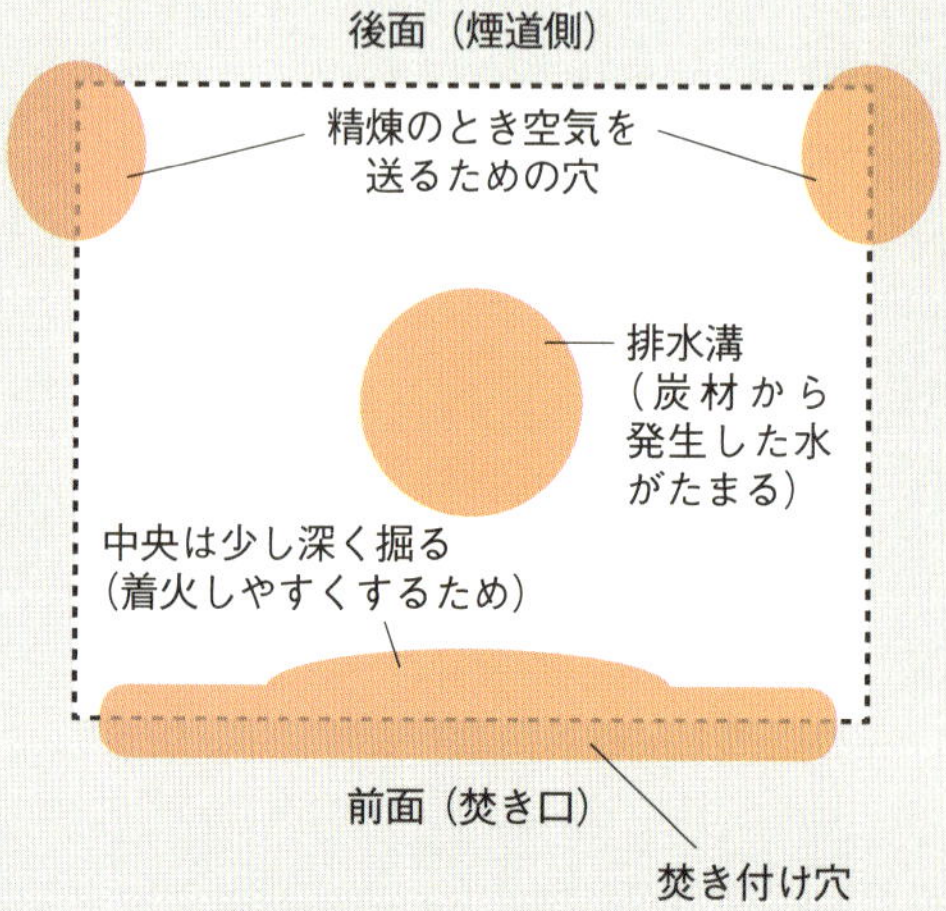

2 底部に枯れ葉、小枝、紙などの焚き付け材を敷く（焚き口側は多めに）。その上に竹（炭材の一部）を井桁状に置いて底上げし、温度が上がりにくい底部に炭材が詰まらないようにする

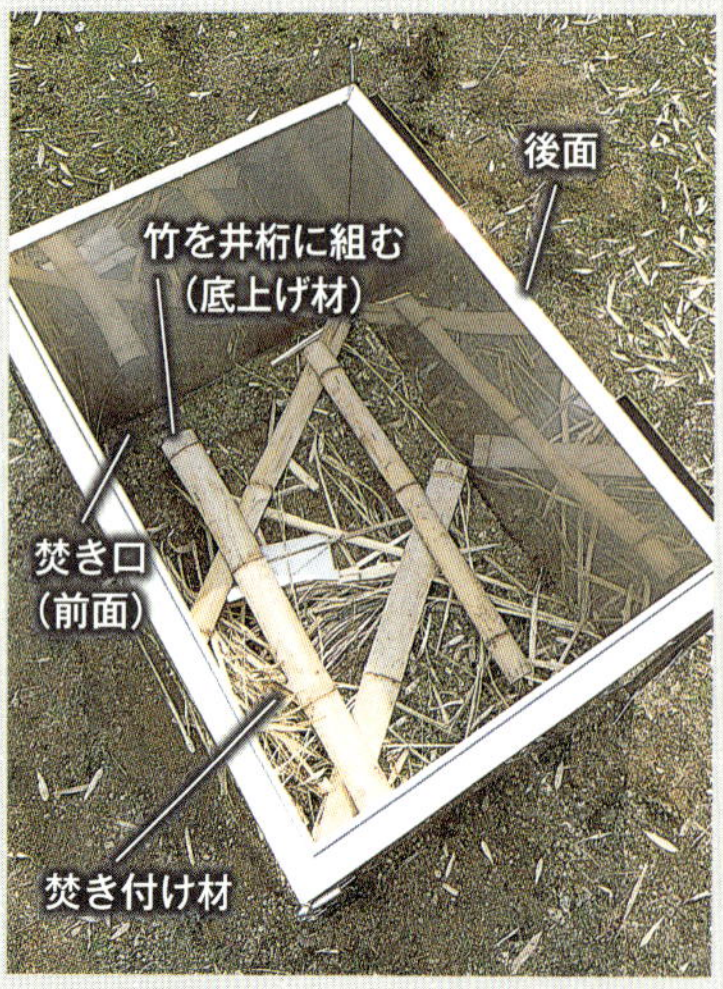

3 炭材を詰め込む。途中、後パネルに沿って写真のようにバツ印にすき間材（炭材の一部）を入れておく。炭材が下部の煙道口を塞いで煙の流れをせきとめるのを防ぐため

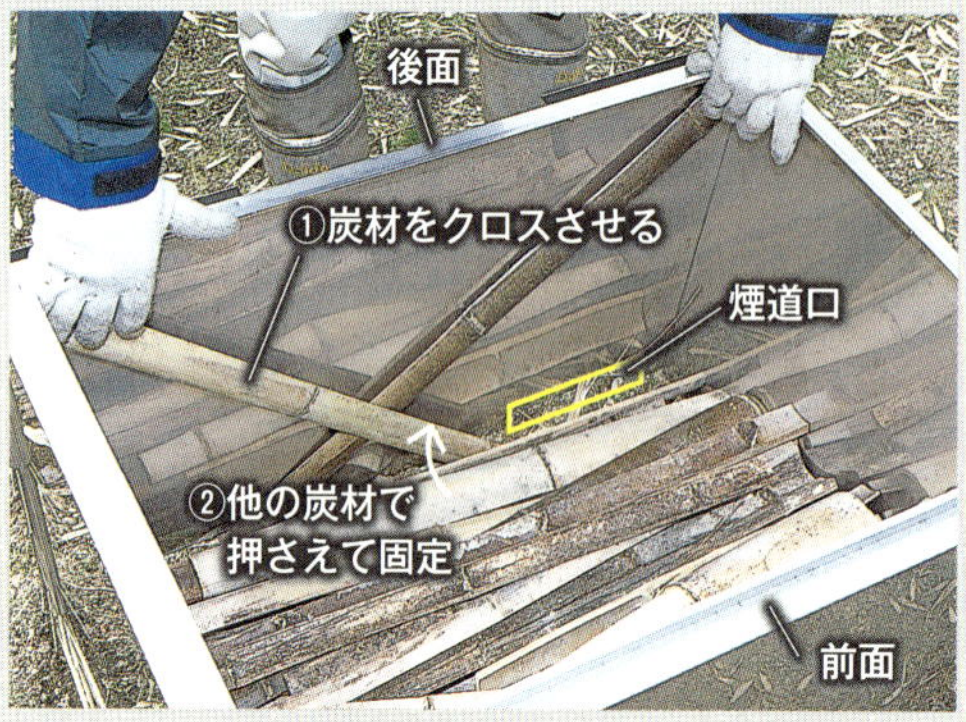

4 炭材をすき間なくいっぱいに詰めたら、フタをする

5 前面の焚き付け穴から焚き付け材に火をつける。うちわで強くあおいで空気を送り、炭化炉内部に熱を広げる

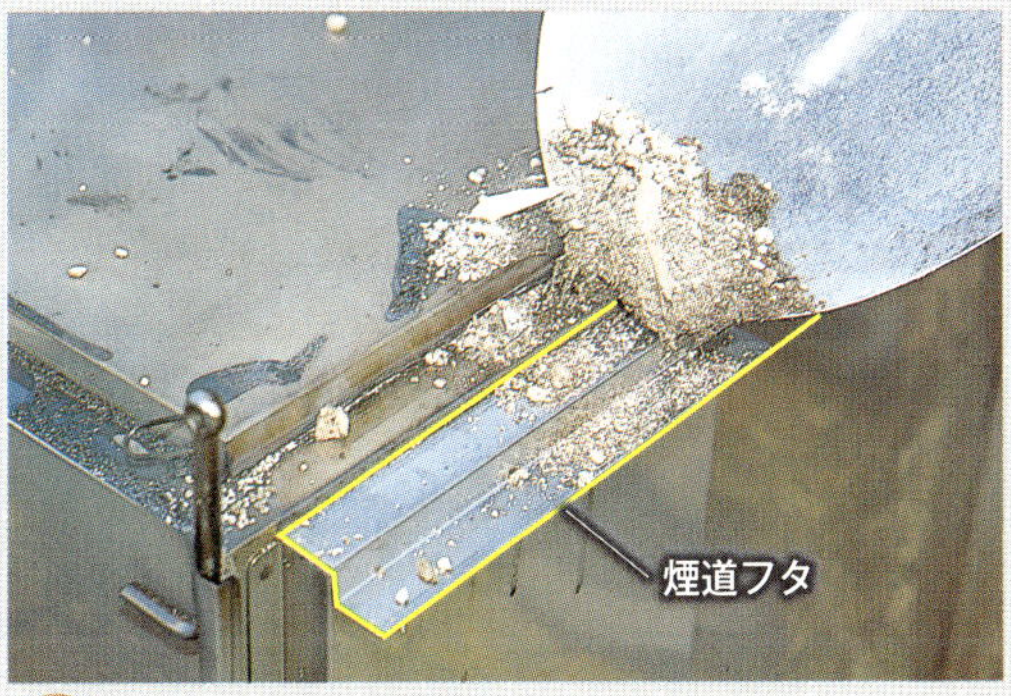

8 煙道にフタをかぶせ、フタの上に軽く土を盛ってすき間をふさぐ。焚き口や精煉口にも土を十分に盛って密閉

6 白くて濃く熱い煙が勢いよく出だしたら炭化が始まった合図。焚き付け穴に軽く土をかぶせて焚き口の火の勢いを弱め、放置する

7 数時間後、煙が薄い青色になったら精煉または消火

9 消火後3時間以上経過し、炭化炉が冷めたら出炭。硬くて上質な炭ができた

精煉《ねらし》も簡単

一般の土窯では、焚き口を広く開け空気を流入させるが、これだと初期から炭化が進む前側がさらに燃えて灰が多くなってしまう。スミヤケールでは、これを防ぐために後部（煙突側）を中心に温度を上げることができる。後部の両端の穴をスコップで広げ、うちわで空気を送る（炎が出ることもある）

ことば解説

★**精煉**＝炭化終期に空気を送って炭化炉内の温度を上げ、炭化を進めること。収炭率は下がるが、不純物が少なく炭素率の高い炭になる。

炭をやくとき 木酢を採るときの

みんなのアイデア集

炭をやくとき

竹の節のラクな抜き方

（長野・塩入正幸さん）

竹炭をやくときはふつう竹を細く短く割るが、竹の形そのままにやきたいときは、破裂しないように節を抜く。

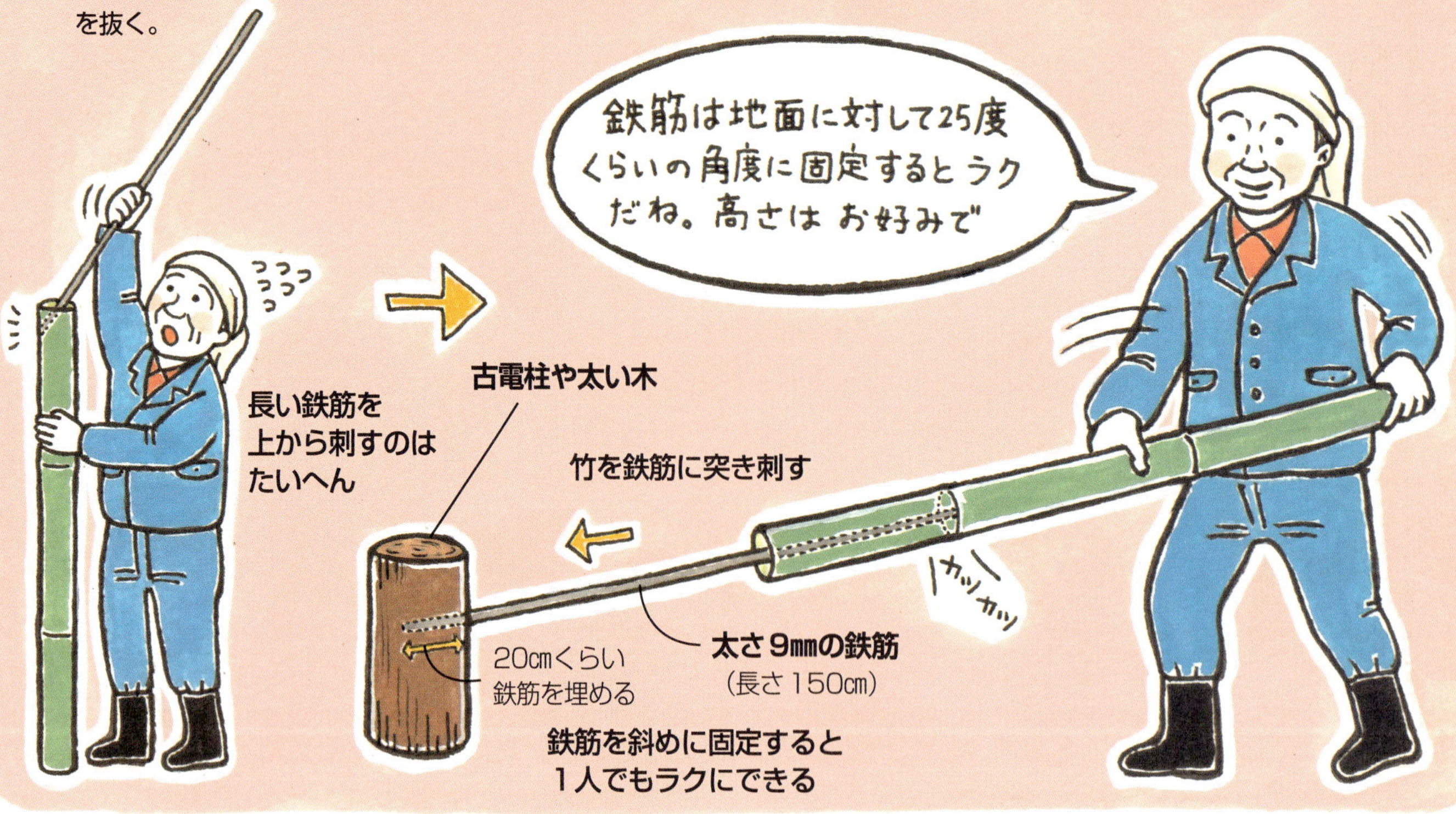

鉄筋は地面に対して25度くらいの角度に固定するとラクだね。高さはお好みで
長い鉄筋を上から刺すのはたいへん
古電柱や太い木
竹を鉄筋に突き刺す
カッカッ
20㎝くらい鉄筋を埋める
太さ9㎜の鉄筋
（長さ150㎝）
鉄筋を斜めに固定すると1人でもラクにできる

最初の焚き付けをラクに

（千葉・斉藤旭さんほか）

炭材の熱分解（炭化）が始まるまでは、窯の入り口で焚き付け材を燃やして熱風をうちわで窯の内部に送る。長時間あおぎ続けるのはひと苦労だが、小型扇風機を使えばラク。

焚き付け材をときどき足すだけでいいんだよ

煙を減らすには①
モミガラに吸着
（茨城・山井宗秀さん）

炭やきで困るのは煙とニオイでご近所に迷惑をかけること。でも工夫しだいで煙をグンと減らすことができる。モミガラがぎっしり詰まった保米缶の中に煙を通して、ススを吸着させる（ドラム缶では小さい）。煙が減らなくなったらモミガラを交換。使用済みのモミガラは畑の土壌改良材に。

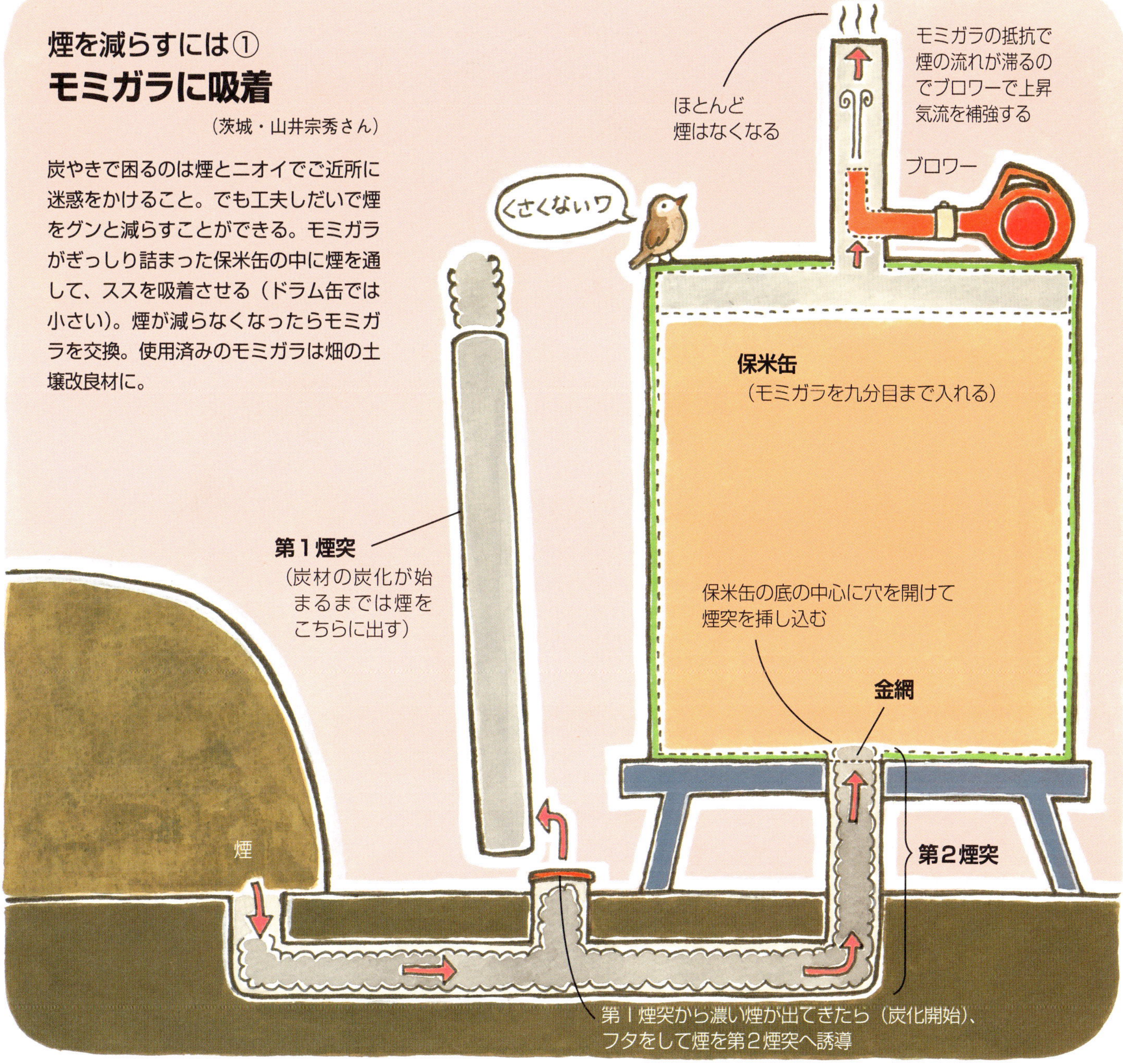

ほとんど
煙はなくなる
モミガラの抵抗で
煙の流れが滞るの
でブロワーで上昇
気流を補強する
ブロワー
くさくないワ
保米缶
（モミガラを九分目まで入れる）
第１煙突
（炭材の炭化が始
まるまでは煙を
こちらに出す）
保米缶の底の中心に穴を開けて
煙突を挿し込む
金網
煙
第２煙突
第１煙突から濃い煙が出てきたら（炭化開始）、
フタをして煙を第２煙突へ誘導

煙を減らすには② バーナーで燃やす
（神奈川・渡辺喜一さん）

穴を開けた一斗缶の中に煙突の先とバーナーの先を差し込み、煙のススをバーナーの火で再燃焼させる。煙は半分以下になる（バーナーは煙が濃いときだけ使う）。

一斗缶
側面と底に
穴を開けておく

木酢を採るとき

煙突の工夫①
太い竹を使う

（東京・高橋弘さん）

炭やきの煙を長い煙突で冷やすと木酢液が採れる。煙の温度が75～150度の間に採ると不純物が少ない。竹の煙突なら木酢の酸でも錆びないので安心。

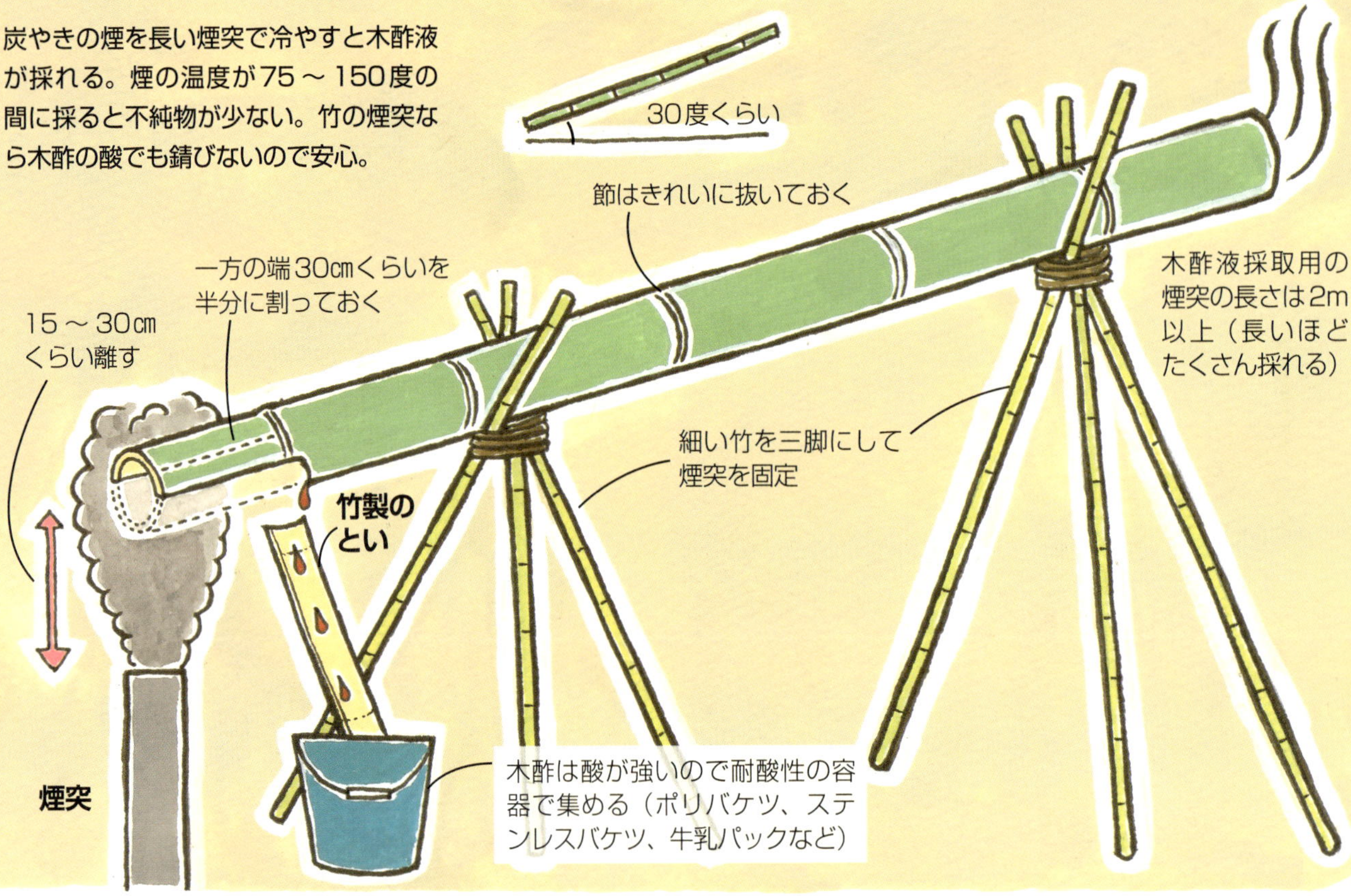

30度くらい
節はきれいに抜いておく
一方の端30㎝くらいを半分に割っておく
15～30㎝くらい離す
木酢液採取用の煙突の長さは2m以上（長いほどたくさん採れる）
細い竹を三脚にして煙突を固定
竹製のとい
煙突
木酢は酸が強いので耐酸性の容器で集める（ポリバケツ、ステンレスバケツ、牛乳パックなど）

煙突の工夫②
空き缶をつなげて

（愛知・梅田欽也さん）

ビールの空き缶を4列に長～くつないで煙突の表面積を大きくし、煙を効率よく木酢液に換える。

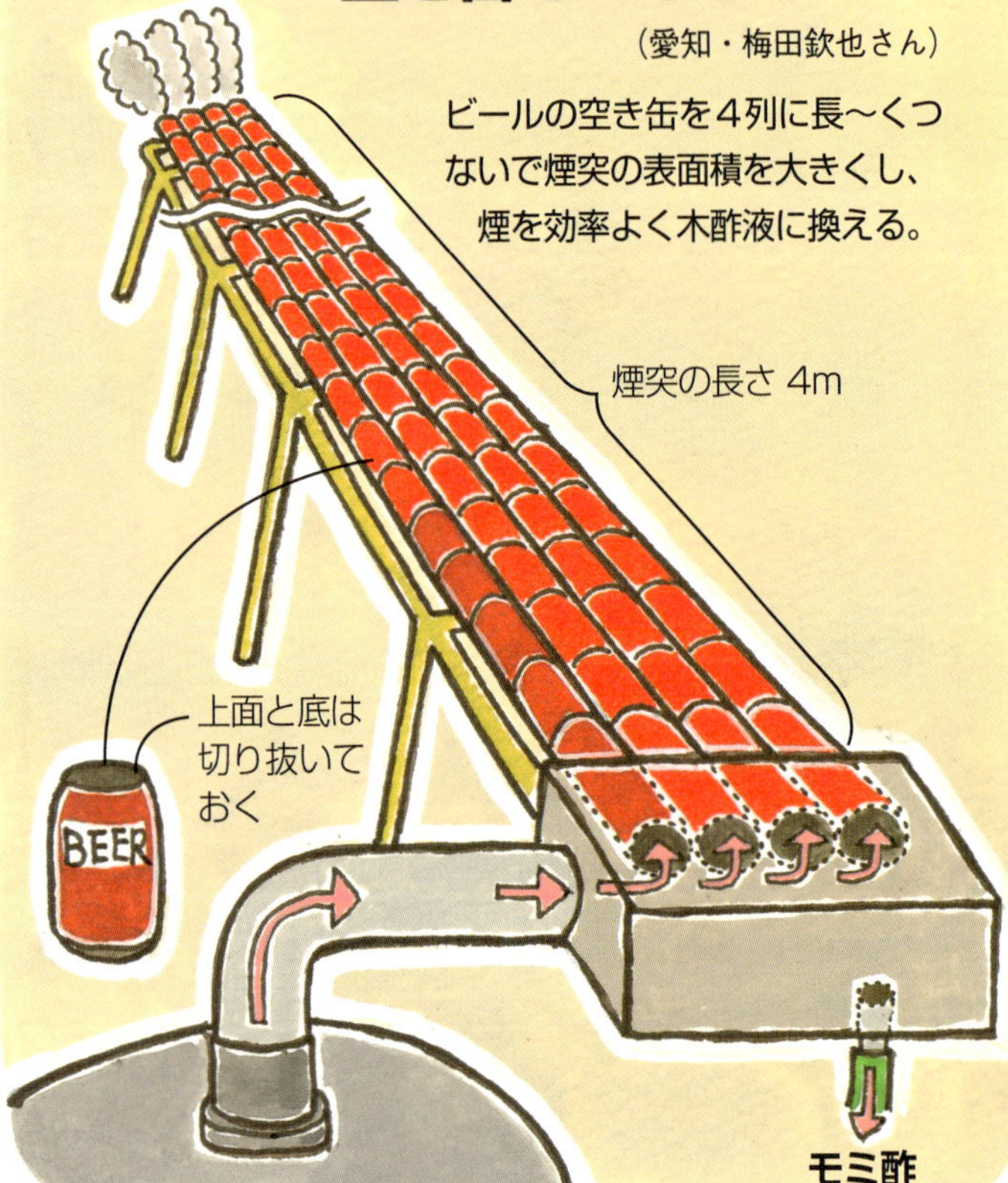

煙突の長さ 4m
上面と底は切り抜いておく
BEER
モミ酢

煙突の工夫③
モミ酢も簡単に採れる

（山口・日高正輝さん）

モミガラくん炭をやくときの煙突の先に、図のように大きめの空き缶を2個設置する。

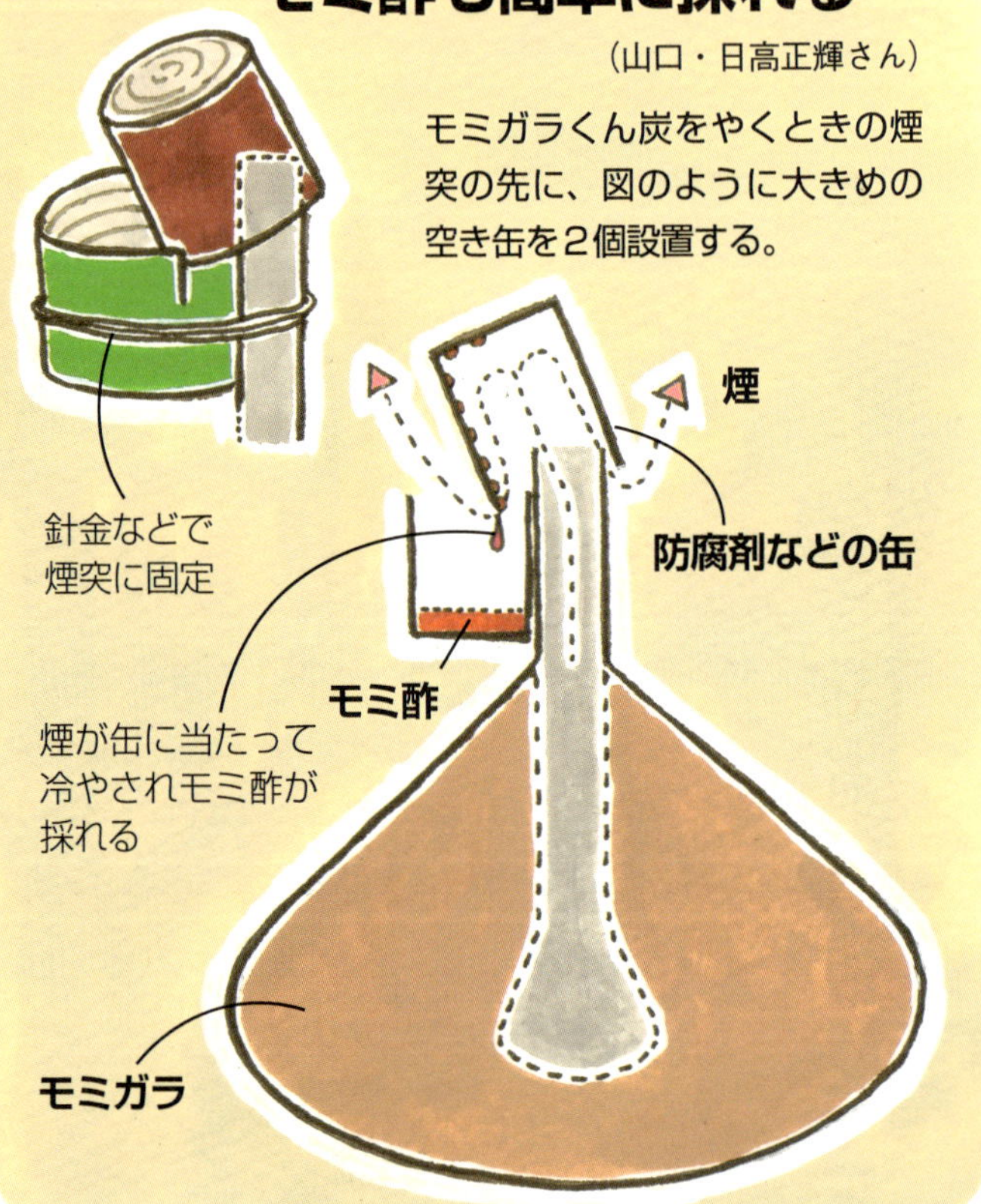

煙
針金などで煙突に固定
防腐剤などの缶
モミ酢
煙が缶に当たって冷やされモミ酢が採れる
モミガラ

簡単な濾過《ろか》法——炭に吸着

（炭やきの会・岸本定吉先生）

採取した木酢液を３～６カ月ほど静置すると、３層に分離する。中層の木酢液はそのままでも使えるが、炭で濾過するとより透明で不純物の少ない液になる。

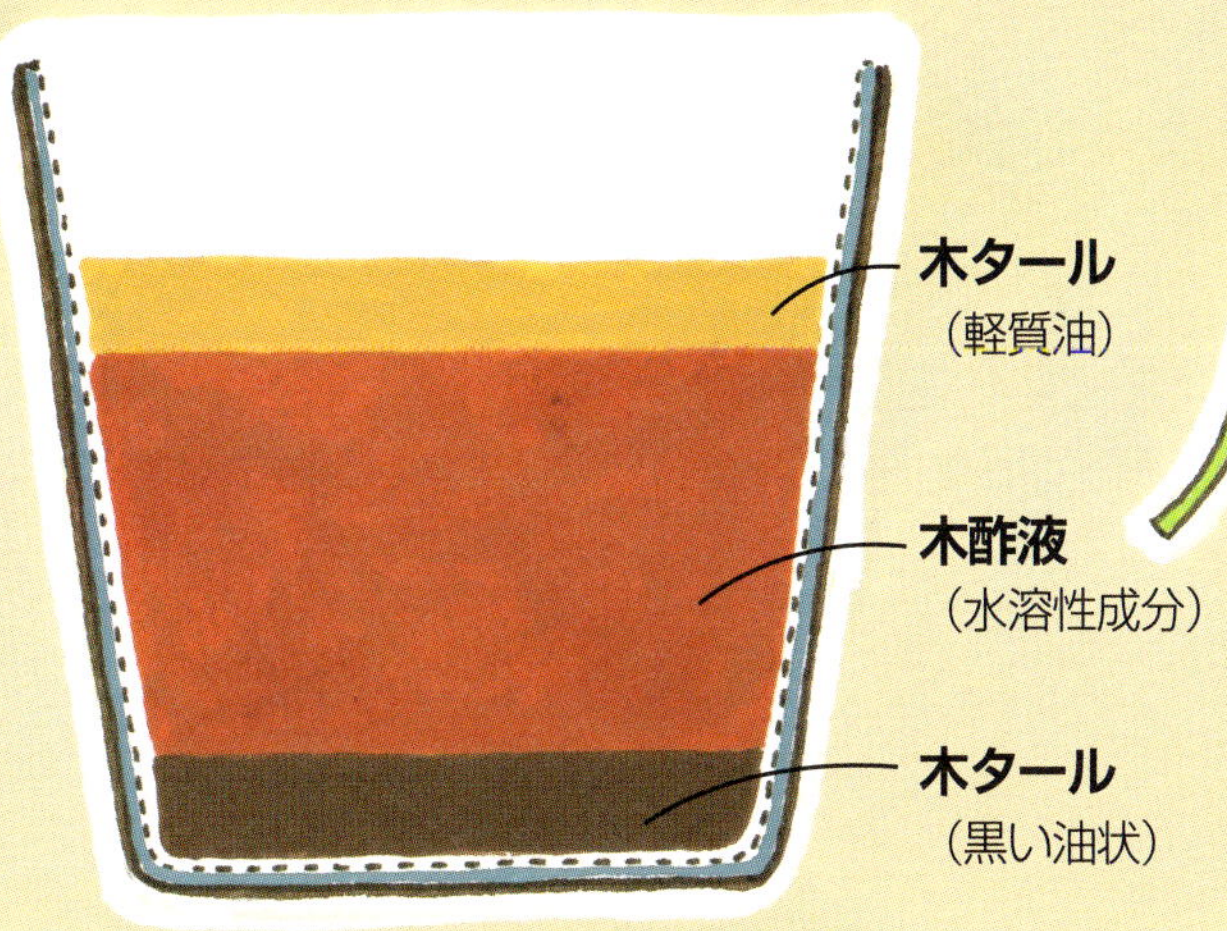

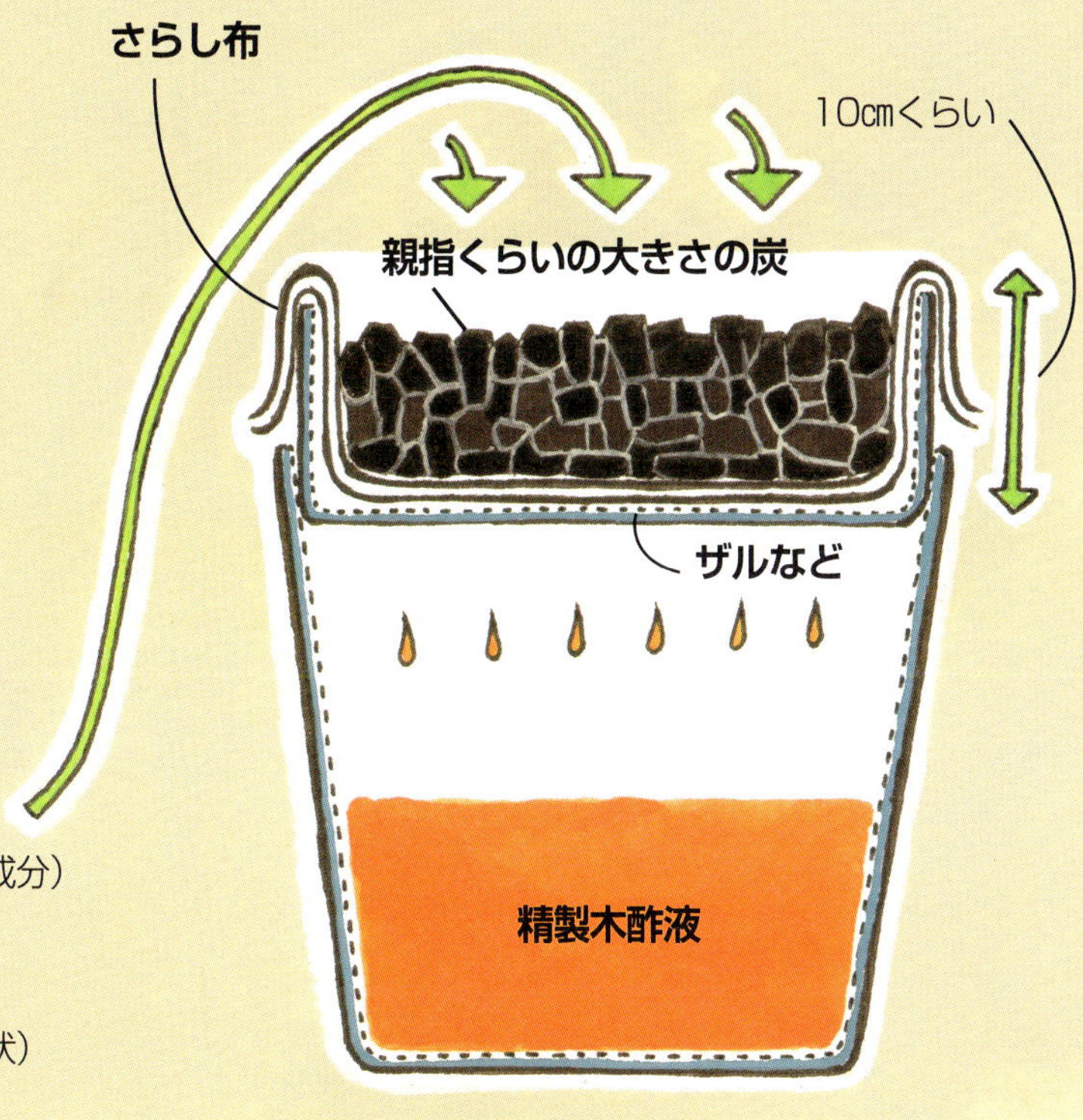

簡単な蒸留法——太陽パワーで

（兵庫・井垣重信さん）

採取した木酢を蒸留すると、濾過するよりも純度の高い木酢に分離できる（タール分がほとんどないのでお風呂用や皮膚用に使える）。

井垣さんは、少し時間がかかるけれどタダで安全な方法で竹酢を蒸留する。ガラス温室とガラス製の水槽のダブルの温室効果で木酢を温めてゆっくり蒸発させ、冷たい井戸水で蒸気を冷やす。

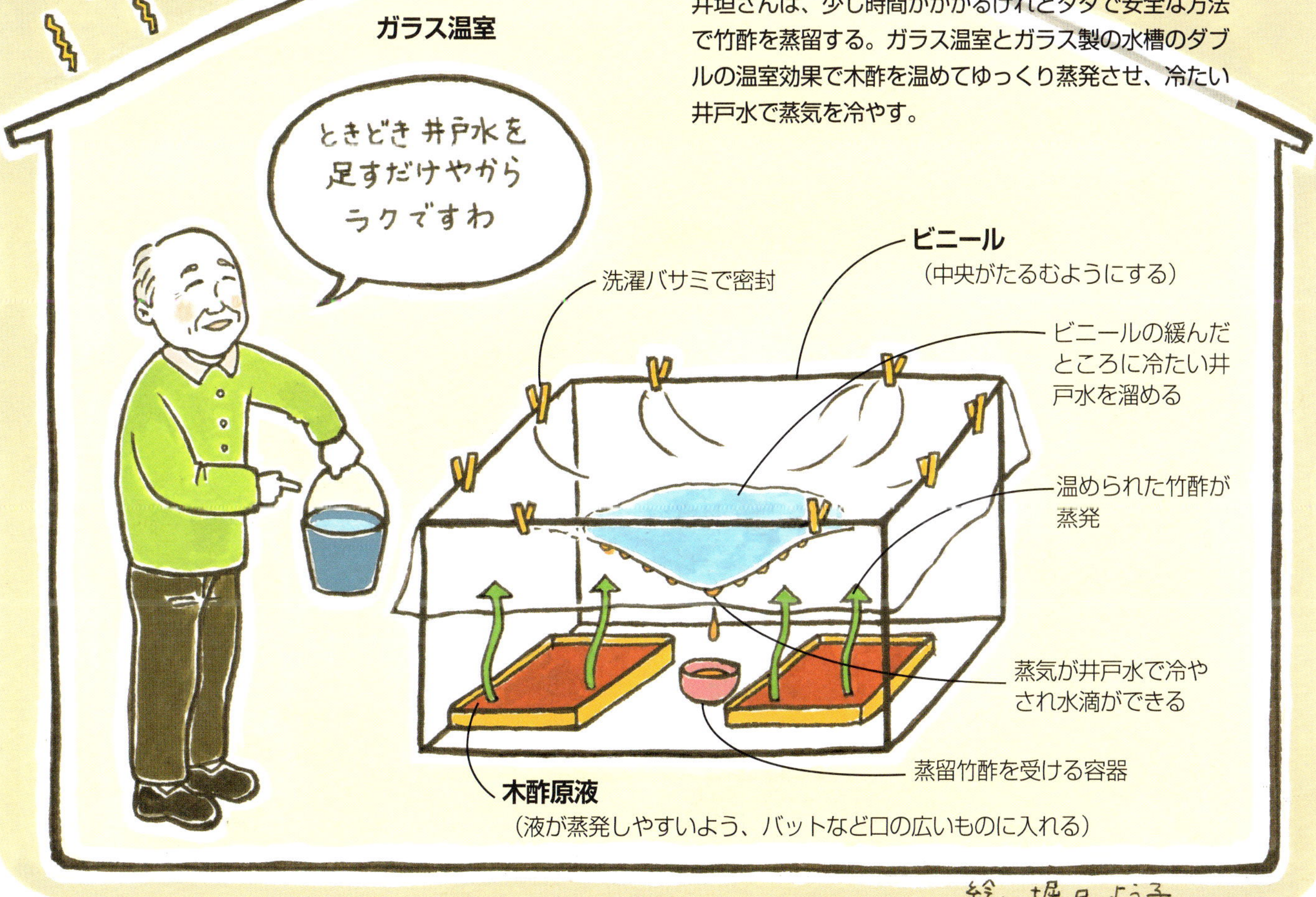

絵・堀口ようこ

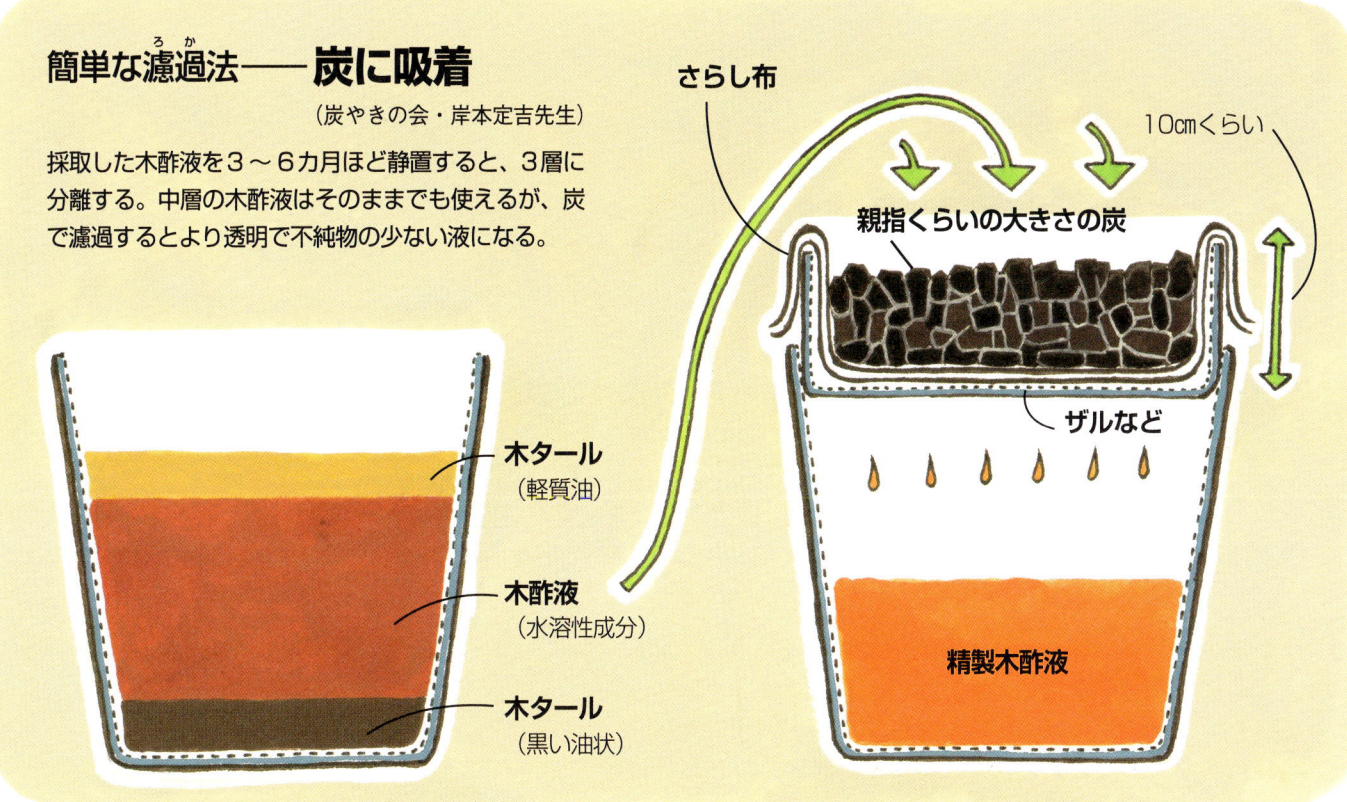

炭DEあ〜と

岐阜県中津川市・足立兼一さん

田中康弘

岐阜県中津川の山中に炭やきの翁ありけり。ある時、炭やき窯に入りて中を見しが、数多ある竹炭の中に光り輝ける炭あり。銀色に光ること、窯の中さながら朝焼けの如し――。

これは何でしょう？
なんと、ネコジャラシの炭！
観賞炭をやく人は結構いるかもしれないけど、こんな細かい毛の一本一本までちゃんと綺麗にやく人はそういないハズ

ミカン。表面のブツブツまでリアル

炭アーティスト・足立兼一さん。竹炭入りボカシを肥料にし、竹酢をたっぷりかけてつくるトマトは最高にうまいのだそうだ

亀もやいてしまったのか？と思ったが、これはパイナップルでした

「窯の中でね、炭出ししよったらその中に薄皮の残る銀色に光る竹炭があったんよ。そらあ、後光がさすようでね、窯全体が銀色に輝いたんよ。綺麗やったわ。それからね、これはなんかに使えんやろかて考え出したら二晩寝られんかったよ」

足立さんがアート炭の素材に選んだのは身近な物ばかりで、その数二三〇種類におよぶ。

まず驚く、パイナップルが炭である。ミカンも炭である。いやいや、キュウリもトマトもハクサイもカボチャもナシもクリもピーマンもスイカも何でも炭である。うーん、黒い食品サンプルのようだ。お隣のガラスケースを覗くとむむむ、ネコジャラシが炭だ。マツバもススキもナンテンの実も、なんとタンポポの綿毛までが炭になっている……。

＊二〇〇五年七月号「農DEあ～と⑤　炭にならぬものはない」

ナンテンの実も炭に。この他、タンポポの綿毛などをやくときは、窯に持って行くまでに形が崩れてしまうので、ラッカースプレーを上空に向けて雨を降らせるようにしてかけるんだそうだ。やき上がった綿毛も同様にして固定しないと風に吹かれて飛んでいく⁉

なんとハチの巣までやいてみた

パイナップルは序の口

見に来る人も多いので、自宅には陳列棚ができている

非常に繊細なものまで炭にする秘密は、この「えんごろ」。もともとはタイル工場で使用する専門性の高いものらしい。やきたいものをこれに入れ、窯の中の温度が低い場所に置き、竹炭と同時にやく

田畑でどんどん使う

炭を埋めたら キクの細根ビッシリ、特級率8割！

平島秋夫

キウイのせん定枝を消し炭に

わが家でも炭はすばらしい威力を発揮しています。

私の家では、キウイフルーツ、夏秋咲き小ギク、タケノコを栽培しているのですが、毎年、十二～二月になるとキウイ（三五a）のせん定をするので、そのせん定枝で炭をやくのです。

つくり方は簡単で、薪を燃やして、その上に束ねたせん定枝を次々に投げ込んで一気に燃やし、灰になる前に動噴でたっぷりの水をかけて火を消すというやり方です。朝、火を付ければ昼前には水を掛けるので、燃やしている時間はせいぜい二時間程度でしょうか。これで人差し指から小指くらいのちょうどいい太さの炭ができます。

ウネの中央に深さ15cmほどの溝を掘り、炭を入れているところ。この後両側から土を寄せればウネの完成

7月中旬、盆出し用の赤い小ギクを持つ筆者（赤松富仁撮影、Aも）

ウネ中央に入れた炭には、キクの細根がからみついていた（A）

細根ビッシリ、花数も増えた

　四月に入ると小ギク栽培（二〇a）のウネづくりが始まります。このウネに炭を入れるのです。幅一・一mの二条植えのウネの中央に、鍬で深さ一五cmくらいの溝を掘り、その溝に炭を入れます。量は、ウネ一七〜一八mに肥料袋一袋分くらいでしょうか。

　このウネの中で、炭が大活躍をしてくれるのです。キクの品質がびっくりするほどアップしました。細根がビッシリと増え、茎が丈夫になり、花数も多くなりました。

　それまでは、最初は特級品が切れるものの、だんだんと質が悪くなるのが普通でしたが、炭を入れるようになってからは最後のほうまで特級品が切れるようになりました。その結果、特級品率は八割にまでなったのです。

激夏にも強かった

　二〇一〇年の夏も、炭に助けられました。

　連日の猛暑でキクも参ってしまったようで、周囲ではキクの生育が止まってしまい、かき入れ時の盆前に収穫できない人が続出したようです。市場関係者も品不足だと騒いでいました。ところがわが家のキクは、例年通りだいたい盆に出せたのです。しかも、葉が焼けたり、花弁が割れたりといった、高温障害もなし。しかもこの年の夏は身内の不幸が重なって、水やりもそう頻繁にやれなかったにもかかわらずです。

　たまたまかもしれませんが、炭の影響もあると思います。

＊二〇〇五年七月号「炭を埋めたらキクの細根ビッシリ　特級率8割に」／二〇一〇年一二月号「キク畑に毎年投入、今年の猛暑を乗り切った」

育苗で実験
炭と根の相性を見た

炭を入れたら根量が増えた

育苗に炭を愛用する人は多いが、作物の根と炭には不思議な関係がありそうだ。

そこで次のような実験をしてみた。播種箱（イネの育苗箱）の中に、一方は下にモミガラくん炭を厚さ1㎝くらい敷き、その上に土を載せる。もう一方は土だけ。それぞれにキュウリのタネを播いて発芽させた苗を比べてみると……。

結果は写真のとおり！　根量が明らかに違う。炭を敷いた苗は確かに根が多くなるようだ。くん炭は気相率が高いので根が伸びやすいのかもしれないが、それだけではなさそうだ。よく見ると、炭の層に伸びた根から出た毛細根が、まるで炭を好むようにガッチリ抱きかかえている！

床土の底にモミガラくん炭を敷き詰めたところと土だけのところにキュウリを播種。発芽して本葉が出始めたときに根を見比べてみた

根を切らないようにスコップで土ごとすくい、手で持ち上げてみた。培地を抱きかかえる量がぜんぜん違う

スコップですくい上げると、くん炭に毛細根が絡みついているのがわかる

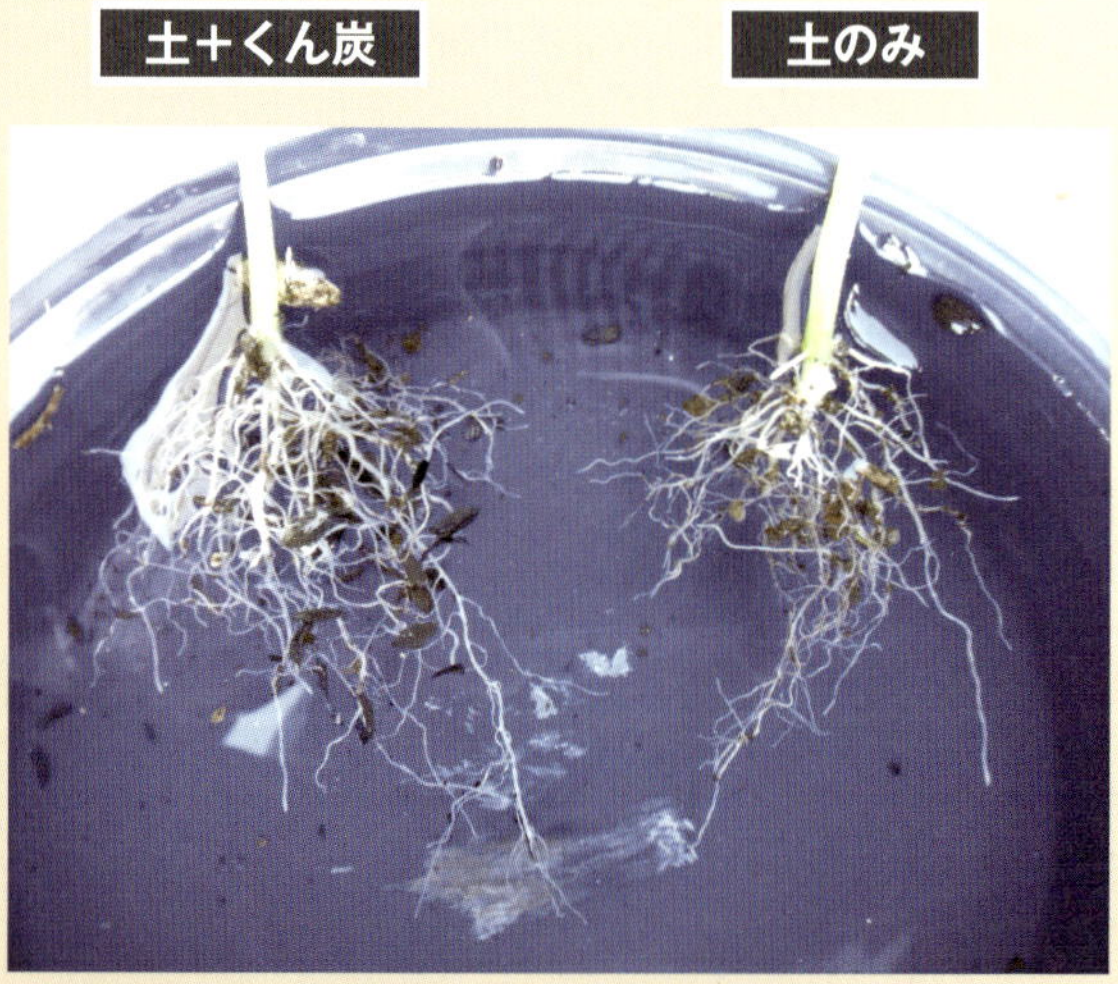

培地を水で洗って根を見てみると根量も違った

くん炭は保水力も強い

くん炭には保水力もあるという。そこで今度はこんな実験。ホームセンターで買ってきたブロッコリー苗の根鉢を水で洗い落とし、砂土、砂土＋くん炭、くん炭と物理性の違う三つの培地に植え替えた。最初だけたっぷり水をやり、あとは水をやらずにハウスの中で観察。

４日目に変化が起きた。砂土だけの苗がクターッと萎れてきた。そして翌日は砂土＋くん炭の苗も萎れてきた。くん炭だけの苗が萎れない。

くん炭の培地を崩して触ってみると湿り気がある。くん炭の保水力も確認できた。 編

＊2010年12月号「育苗で実験　炭と根の相性を見た」

水をやらずにいたら、どの苗も葉の緑が薄くなり、節水ストレスのせいか赤くなってきた。そして4日目には砂土100%が、5日目には砂土＋くん炭の苗が萎れてきた

ポットを外してみると、砂土100%（右）は中がカラカラ状態でザーッと砂が落ちた。くん炭100%（左）のほうは外側のくん炭が落ちたが、中の根鉢は崩れない。触ると少し湿り気がある。根がくん炭をガッチリ掴んでいる

竹炭の不思議パワーがホウレンソウを変える！

増収、ビタミンCアップ、驚きの根張り

野田　滋

竹炭を施用したホウレンソウは株が大きくなり、増収効果が認められるが、根を比べてみると、驚くほど根張りがよくなることがわかる

竹炭には不思議なパワーがあるようです。なかでもホウレンソウと相性がよく、連作障害を回避できたり、長期間の連作が可能になったり、施用しない畑に比べて収量が大幅に増収したり、さらに栽培が難しい夏に効果が大きいことなどを経験してきました。

竹炭施用でホウレンソウ増収

まずは増収効果についてですが、有機栽培をしている生産者の圃場で、自家製のボカシ肥料を使った慣行区を対照に、竹炭施用区と、ボカシ肥料を二割減らして竹炭施用した区の三区を設けて栽培してもらったことがあります。

竹炭は近隣の農家が作っているもので、一〜三㎝角に砕いて一〇a当たり一tを表面に施用し、肥料と一緒にすき込みました。竹炭は調査開始時のみ施用し、その後の持続効果も併せて検討しました。ホウレンソウの播種は六月下旬〜九月下旬までの三回で、三作目は一作目からの連作ということになります。

結果は図1のとおり。対照区に比べ竹炭施用区では一作目が六七%、二作目は一九%、三作目は三二%の増収効果が見られました。ボカシ肥料を二割減した区も収量は落ちることなく、対照区と同等か増収しています。よって竹炭施用は減肥が可能になるという結果を得られたことにもなります。収量的に不安定になりがちな有機栽培での竹炭投入は好評でした。

竹炭の効果は夏に高い

ホウレンソウは夏期に収益性が高く、ここ島根県では夏栽培を基幹とした栽培体系で多回数作付けされています。そこで次に、①ホウレンソウを久しく栽培し

筆者が勧める竹炭の施用のしかた。竹炭をウネ部分に入れた後、ウネを立てる。全面表面施用後、すき込んでもよい

竹炭は1〜3㎝角に砕いたものを使う

ていない圃場と、②連作圃場、③輪作圃場に、それぞれ竹炭施用区と無施用区を設け、栽培してもらいました。調査した生産者の三圃場は、それぞれ土地条件や栽培条件が異なります。竹炭の施用方法や施用量は先に紹介した事例と同じです。

結果は図2のとおり。いずれの圃場でも竹炭の増収効果が認められています。①のホウレンソウを久しく栽培していない圃場では、竹炭効果はとくに夏場に高いことがわかります。一方、②のホウレンソウのみを連作している圃場では、竹炭効果が秋冬に入っても高い。③のコマツナと輪作した圃場では一作目で七七%、二作目で七〇%と収量が大幅に増えました。

また、この試験では、三圃場すべてで、竹炭を施用することで萎ちょう症状の発生率低下が認められました。ホウレンソウの萎ちょう症状は生育期に葉が萎れ、生育不良となって枯死するもので、生育条件の悪い夏期に多発します。

ビタミンC増、シュウ酸減

竹炭の施用が、ホウレンソウのビタミンCを増やしシュウ酸を減らす効果も確認しています。ホウレンソウは各種栄養成分を含み、人間にとってカロチノイドやアスコルビン酸（ビタミンC）の主要な供給源となっています。しかし一方では、結石の原因とされ人体に有害なシュウ酸を多く含んでいます。シュウ酸は、密植すると大幅に減少することがわかっていますが、竹炭の施用によっても減少しました。

試験では、竹炭は約一㎝角に砕き、ウネ立て前に一a当たり一〇〇kgを、肥料

図1　有機栽培における竹炭の増収効果

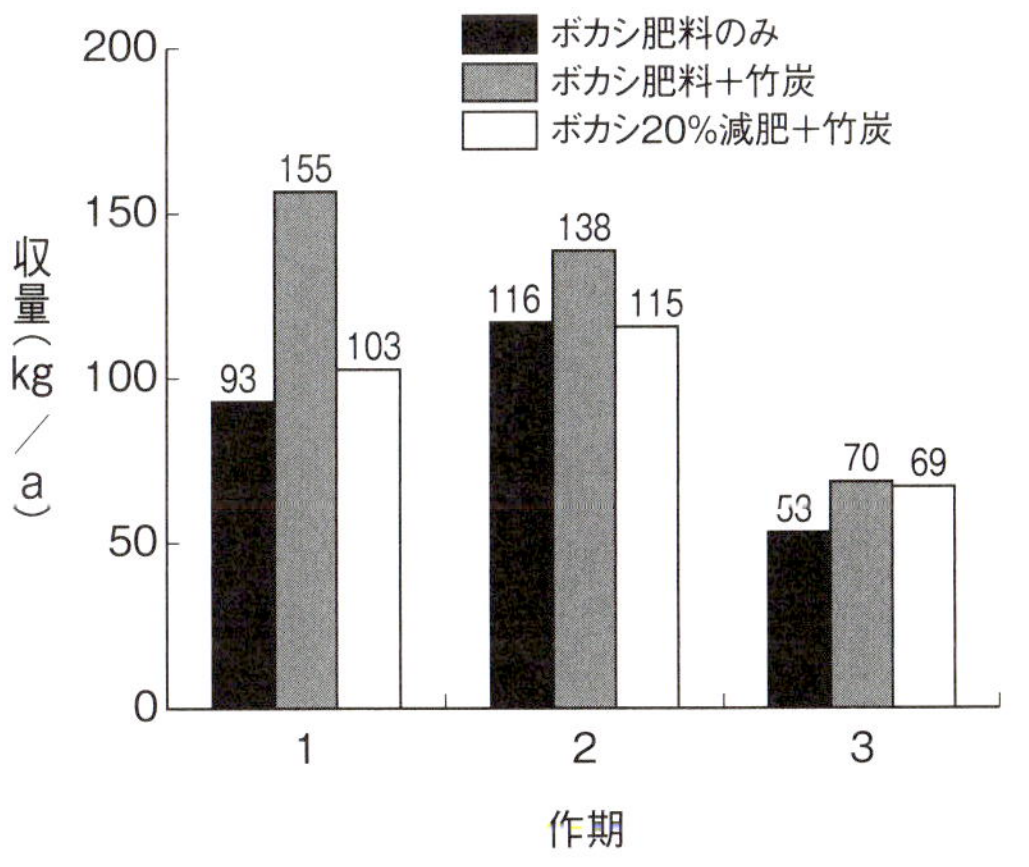

作期
1：品種パシオン
　播種日6/27～収穫日7/28
2：パシオン
　6/30～8/3
3：トライ
　9/2～10/9

●使用した肥料（ボカシ肥）
ボカシ肥はナタネ油カス、魚粉、米ヌカ等を熟成させたもの（チッソ5.3%、リン酸3.4%、カリ1.6%）で、10a当たり160kg（減肥区は130kg）。ほかにカキガラ粉末160kg、バーク堆肥2tはすべての圃場に施用

図2　栽培条件の異なる圃場における竹炭の増収効果

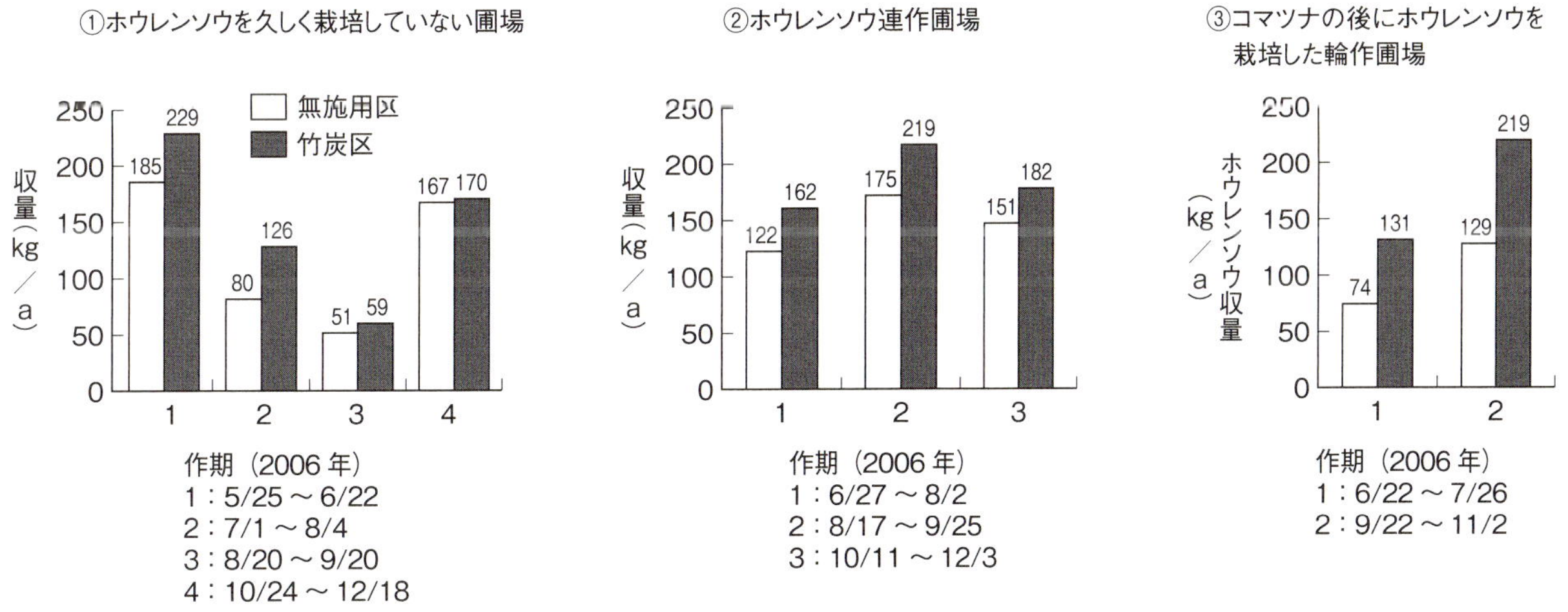

と一緒に表面施用。その後ウネを立てることで、深さ一〇㎝の位置に層状に竹炭が入るようにしました。ホウレンソウは播種後、一㎡当たり一〇〇本程度（収量的に満足でき、シュウ酸が少なくビタミンCは多い栽植密度）に間引いて追肥しました。

図3　竹炭でホウレンソウのビタミンC増加、シュウ酸減少

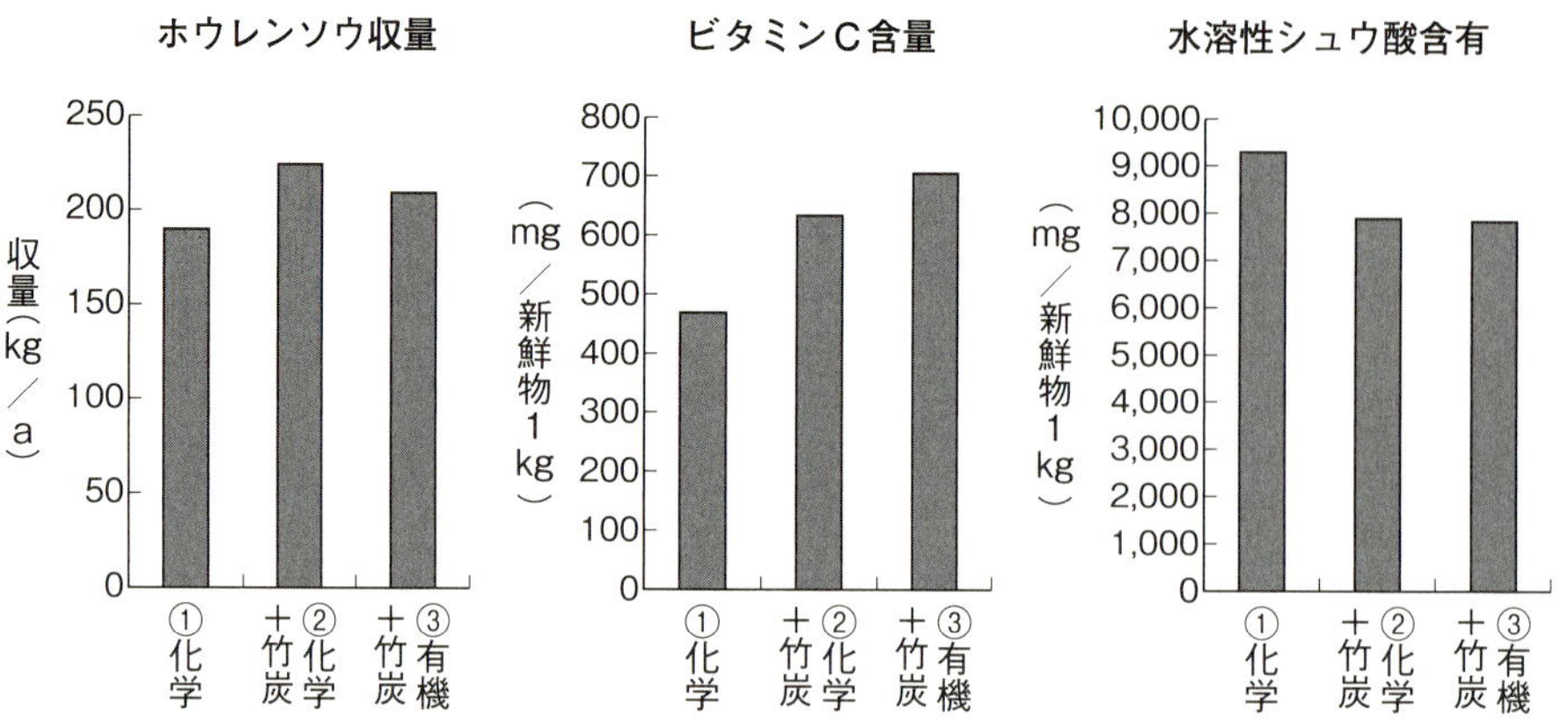

竹炭を施用した②③区では増収した

①区に比べて②区は25％　③区は35％アップした

①区に比べて②③区で約15％減少した

品種 アクティブ　播種日 10月18日　収穫日 12月6日

①化学肥料区：リン硝安カリを元肥 6kg、追肥 3kg
②化学肥料＋竹炭区：肥料は①と同じ
③有機質肥料＋竹炭区：肥料は元肥に発酵鶏糞 30kg、追肥にナタネ油粕 15kg
※②③とも竹炭は 100kg。施用量はすべて 1a 当たり

結果は図3のとおり。竹炭がビタミンC含量を高め、シュウ酸含量を減らすことがわかりました。また、化学肥料よりも有機肥料を使うとビタミンCは増え、反対にシュウ酸は減ります。

根に注目してみると…

以上の試験では、竹炭を入れたほうが株が大きくなり、生育促進効果もあるようです。作物は根から水や養分を吸収して大きくなりますが、竹炭を入れると根の活性が高まり、養水分吸収能力がよくなって生育が早まると思われました。そこで竹炭と根張りの関係についても、調査してみることにしました。

なお、竹炭の施用法は、一〜三㎝角に砕いたものを一a一〇〇kg程度施用。竹炭は堆肥と相性がよいので堆肥も一a二〇〇kg程度施用するよう勧めています。表面施用してすき込むか、スジ状に局所施用して、その上にウネを立てるという使い方です。

▼ホウレンソウは根重が一二％アップ

牛糞堆肥を使っているホウレンソウ農家の事例では、堆肥のみの区とこれに竹炭を加えた区、さらにボカシ肥料（一a一〇kg）を上乗せした三区を設け、草丈が二〇㎝くらいになったときに根張りを比較しました。

結果は、竹炭区の根張りのよさは一目瞭然。ボカシ肥料を入れると、さらに根張りがよくなることがわかりました。詳しく根量調査したところ、竹炭区は入れない区に比べて根重が一二％増えていました。根の量が増えれば養水分吸収も盛んになり、充実した株ができます。夏に問題となる萎ちょう病が軽減できるのは、竹炭によって根張りがよくなったためだと考えられます。

▼輪ギクでは根重が二〇％アップ

周年栽培する輪ギクでは直挿し栽培が広く行なわれていますが、直挿し後の発根や活着の悪さに起因して、生育初期の

キク（優香）の根の比較

萎れや、不揃いなどの問題がありました。そこで初期の根張りをよくするために竹炭を入れることにしました。

竹炭はウネ下に深さ一〇㎝でスジ状に局所施用しました。写真は竹炭を入れない区と根張りを比較したものです。夏秋ギクの優香で草丈が三〇㎝になった頃の状況ですが、竹炭区は根張りがよく、土をしっかり保持しており、地上部も充実した株になりました。

秋ギクの神馬でも試験しましたが、竹炭を入れた区は従来の植栽本数より一〇%多く密植しても生育がよくなりました。また、収穫時の一株の根重も入れない区に比べて二〇%多くなることがわかりました。

（JAいずも営農部営農技監、前島根県農業技術センター）

＊2005年7月号「竹炭施用でホウレンソウのビタミンCがアップ、収量も二割増」
2007年5月号「竹炭施用でホウレンソウの収量大幅アップ、萎ちょう病も減る」
2010年12月号「なるほど、炭で根張りはこんなに違う」

炭はブドウの根張りもよくする

岩手県紫波町のブドウ農家、藤原定雄さんはブドウの挿し木に炭を使っている。やり方は次のとおり。

3分の1くらいに輪切りにしたドラム缶いっぱいに、伏せやきでやいたブドウのせん定枝の炭を詰める。炭は砕けて粉状になったものから、2～3㎝のかけら状のものまでいろいろ。土は使わず、チッソ、リン酸、カリなどの肥料だけを適当に混ぜ、そこにブドウの枝を挿す。屋外に置いておき、天気が続いて炭が乾燥するようなときだけかん水する。このやり方で細根ビッシリのすばらしい苗ができたそうだ。

なお、野田滋さんによると、ハウスブドウの本圃で次のような事例もある。

「排水対策に暗渠を施工した後、有機物補給として樹間に1列溝を掘り（幅50㎝、深さ30㎝）、堆肥と竹炭を入れました。溝施用としての施用量は1㎡当たり堆肥150㎏、竹炭50㎏。施用して1年目の果実収量を、堆肥のみで竹炭は入れなかった区と比較したところ、1樹当たり平均で約10㎏増収しました。暗渠のおかげで以前より収量は全般的に多くなりましたが、竹炭を入れるとさらに多くなることがわかり、試験した農家はその効果に驚いていました。

2年目は果実糖度の調査も行ないましたが、竹炭区のほうが糖度は高くなりました。これらの効果も竹炭で根張りがよくなったためだと考えられます」

＊2005年2月号「炭培土で細根ビッシリ！のブドウの苗木」
2010年12月号「なるほど、炭で根張りはこんなに違う」

竹炭施用によるデラウェアブドウの糖度上昇効果（2009年）

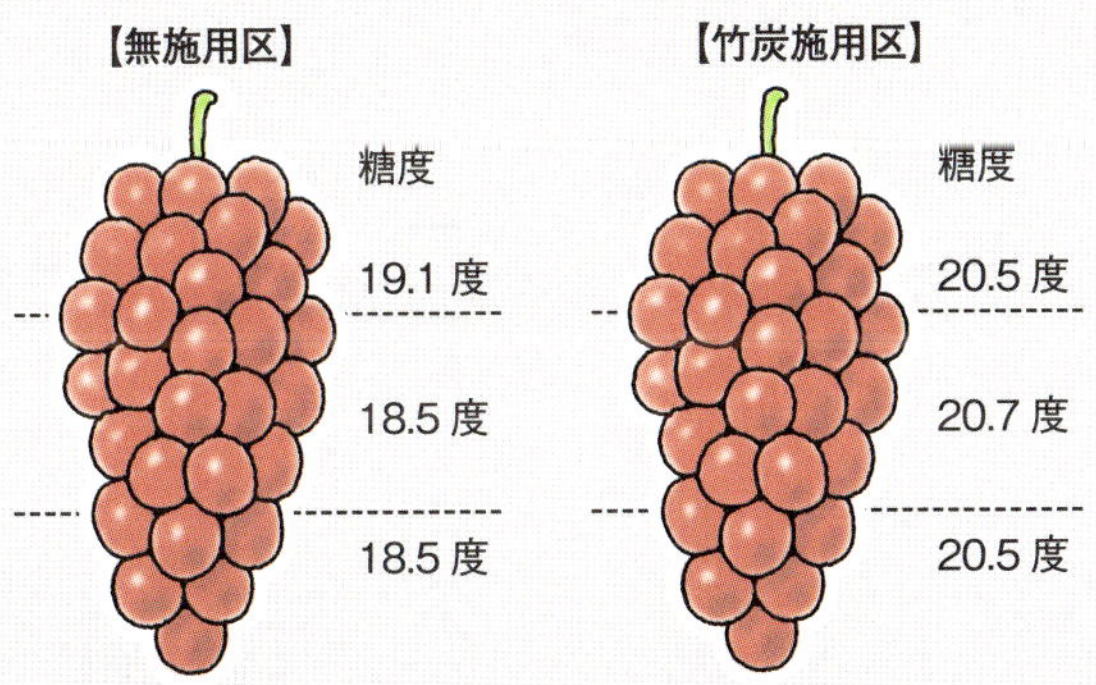

注）10房の平均糖度を調べたもの

くん炭堆肥で イネの根が白くなった

三重県伊賀市・山本努さん

うまくて評判、一〇町分の米が穫れ秋に完売

春先の倉庫にはモミガラくん炭の袋が、山のように積み上がる。山本家ではこれがお馴染みの光景となった。「これ全部田んぼに入るんです」と山本努さんは話す。

大量のモミガラくん炭を混ぜた「くん炭堆肥」を田んぼにまく山本さん。今年産のお米は、この秋早くも予約で完売。八年前から始めた個人直販だったが、くん炭堆肥を田んぼにまくようになってからは、「うまい米だ」と口コミで広がりだし、とんとん拍子で注文数が伸びた。顧客の数は約三〇〇人。「くん炭堆肥」がお客さんを呼びよせたのだ。

今では業務契約分を除く総面積の約八割（八町歩）のお米を個人直販でさばいている。

一〇町歩分のくん炭を堆肥へ

「ほら、これがくん炭堆肥です」

発酵して焦げ茶色になった堆肥の中には、モミガラくん炭が点々と見える。

「ややこしい資材は何も使わへんよ。馬糞と田んぼからとれるもんだけで作る」

一〇町分の田んぼから出るモミガラをすべてくん炭にして、やはり一〇町分の米ヌカと一緒に馬糞約一五tと混ぜる。タネ菌として、前年につくった堆肥を五〇〇kgほど投入し、一カ月に一～二回切り返す。それを半年ほど続け、焦げ茶色になってきたら完成だ。

「発酵中は放線菌の菌糸で真っ白になる。これが炭の力やと思います」

発酵成功、雑草のタネが焼けた

そもそも、山本さんがくん炭を使うようになったのは、初めて堆肥をまいたときの苦い経験がきっかけだった。

「もともとの堆肥は不満ばっかしでした。発酵が弱いせいで、見たこともないような外来雑草が田んぼ中ににょろにょろ生えた。どうも低温発酵では雑草のタネが残ってしまうようです。除草剤一回だけでつくってますから、堆肥を使うとしたら、高温発酵させてタネを焼かんとアカンのです」

山本さん、山奥に堆肥舎を造り、研究にこもった。奮発して、ちょっと値の張る酵素液を使ってみたりもしたが、発酵温度はせいぜい六〇度。雑草のタネはまだ残る。

「たまたま『地力増進法』の条文を読んでたら、炭について書いてあるのを見つけた。それから本やらネットで調べていくと、ホンマにええことばっかし書いてある。その中で『微生物のすみかになる』という話に注目しました」

炭がすみかになり、微生物が殖えれば発酵がうまくいくかもしれない。さっそく木炭を取り寄せて堆肥に入れてみると、わずか二～三日で八〇度まで上がり、雑草のタネが「焼けた」。

「だけどそのとき使った炭は一tで三万円のもの。ええ炭やから、バックホーのバケットで叩いてもなかなか割れん。その点、今使っているくん炭やと砕かんでもいいからラク。何よりもタダやしなー」

馬糞、米ヌカ、くん炭……。現在のくん炭堆肥の材料は全部タダのものだ。

コケても登熟する強い根

ところで今年は、炭の力を実感した年でもあった。

「台風の影響で、収穫のだいぶ前に倒伏した田んぼがありました。ところが、コケたところでも、くん炭堆肥を使ったところではクズ米があんまり出ませんでした」

くん炭堆肥を入れたところは、イネの登熟する力が違うことがわかってきたというのだ。

「炭を入れると根の張りがよくなると聞いたことがあります。登熟がよくなるのは根張りがいいせいかもしれん」

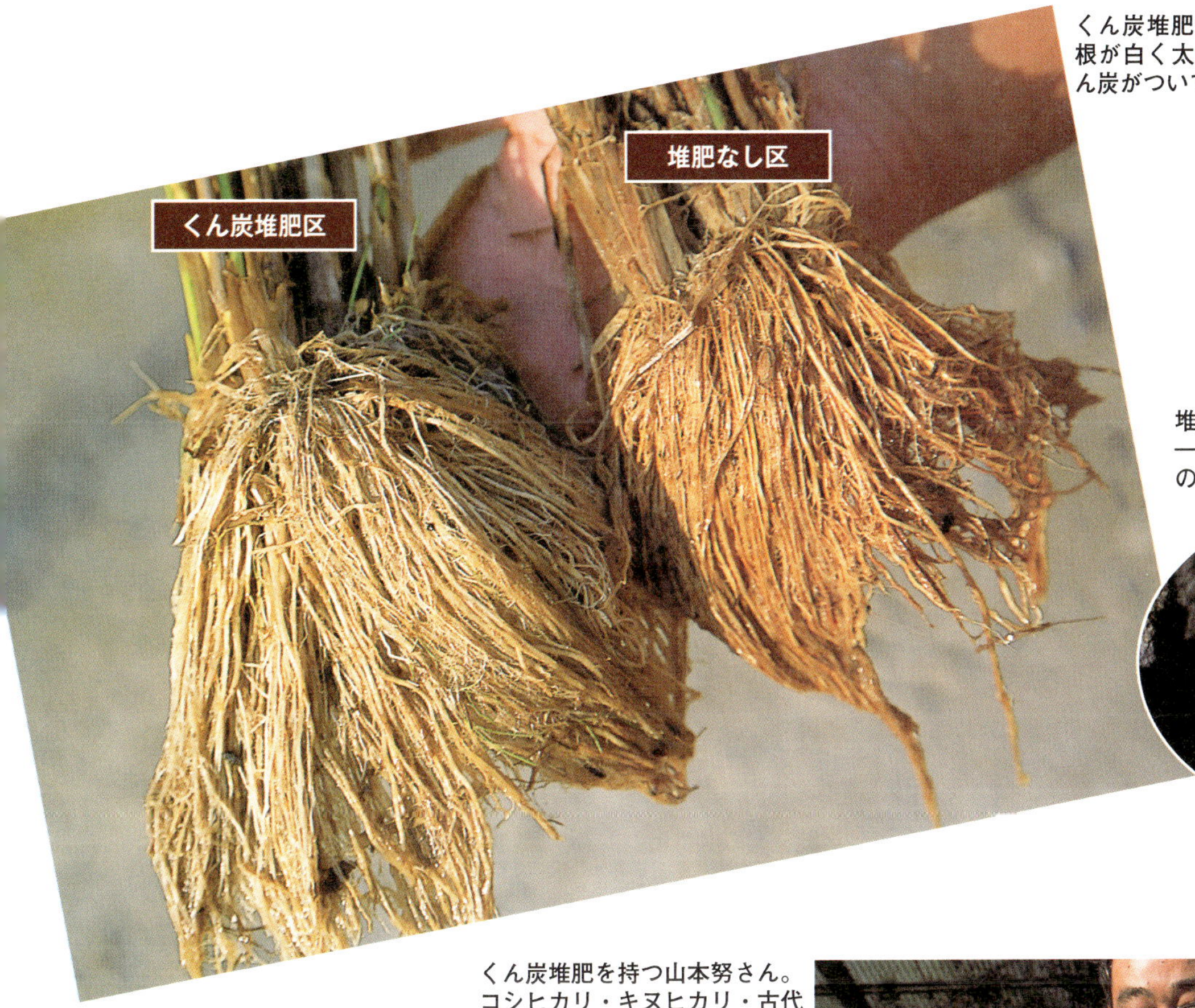

くん炭堆肥を入れた田のイネは根が白く太い。根を洗ってもくん炭がついていた

堆肥の中の炭を白い菌糸が覆う。──初めて木炭を使ったとき、その様子に驚いて山本さんが撮影

くん炭堆肥を持つ山本努さん。コシヒカリ・キヌヒカリ・古代米などを栽培。反収は6～8俵

さっそく田んぼで確かめた。比べたのは、昨年秋にくん炭堆肥を入れた田んぼと、まだ一度も入れたことのない田んぼのイネだ。

秘密は「白い根」!?

「全然違うやんか!」と、山本さんが根を見て驚く。

くん炭堆肥を入れた田んぼのイネの根は白く、そして太かった。もう一度別の二枚の田んぼで比べてみても結果は一緒。これが炭の効果だろうか。

イネの根は出始めた頃は白いが、だんだんと酸化鉄の膜で覆われてきて赤くなるのが普通。収穫後のイネの根は赤茶色になっていることが多いのだ。

「赤い根」は酸化鉄の膜に覆われているので、ミネラル（微量要素）などを吸いにくいという人もいる。とすると、根を白く保つことで、土の中にあるミネラルを吸いやすくなるのかもしれない。そして、ミネラルをよく吸ったイネは、お米の味がよくなるともされている。

くん炭堆肥を入れた田んぼの根がなぜ白くなるかは山本さんにもわからない。だが効果の秘密は、どうもこの「白い根」にありそうだ。 編

*二〇一一年十二月号「『くん炭堆肥』のおかげで八町歩の米を個人直売」

炭はやせた土でこそ、威力を発揮する

山本　剛

筆者
（黒澤義教撮影）

何も育たない山砂土を改良するには…

わが家には、山砂を掘り出したまま、長年放置してきた荒地があった。掘り出した山砂は、ザラメ状で排水がよく、よく締まる土との評判を得て、その後、学校のグラウンドにも利用されたほどだ。しかし何か栽培するには、盆栽やジネンジョには向くが、「何をつくってもうまくできない」といわれるくらい肥料分がない。その跡地を、並の畑の土、作物が育つ土にするにはどうやるか。

雑木が生えて、表面だけは土の色がややよくなったようだったが、すぐ下はかつてと同じ。しかも、搬出時に踏み固められた土は、耕耘機では歯が立たない。そこで、まずはパワーショベルで五〇～七〇㎝全面深耕した。

次に、堆肥を入れるのがよいだろうか？　だが、おそらく大量に何年も入れ続けないとダメだろう。日頃、炭、炭と唱えている小生としては、ここでその効果を実証しなければ、との思いが強まった。

炭＋微生物、最強の組み合わせで挑む

使用したのは、竹林の中で焚き火のようにやいた炭。農業用にはこのくらいの、あまり硬くない炭のほうが使い勝手がよい。

炭には①ミネラル供給効果、②水分や空気の調整など物理的改善効果、があるが、特筆すべきは③微生物の増殖を促す、④植物の根が増えてまとわりつく、などの効果と思う。

改良しようとした荒地の土は完全なる心土であり、微生物が極端に少ない。そこで、地表面が真っ黒になるほどの炭の他に、同量くらいのボカシ肥（これにも炭が入っている）、さらに増殖した微生物のエサとして鶏糞を施用した。一〇a当たりの分量でいうと、炭は八〇ℓ入りの袋を二〇袋（約三〇〇kg）、炭入りボカシ肥も三〇〇kg、鶏糞は一五〇kgほどだったろうか。ボカシ肥の微生物は太陽光線に弱いだろうから、散布後はできるだけ早く土と混ぜてやった。

だが、それだけ施用しても、耕耘機で耕した跡は炭がところどころ点在しているくらい。これで入れたの？と心配になるくらいだった。

遠くから見て緑一色の畑に

そこにナバナを九月に播種。この畑は県道からよく見える場所にあり、十一月には緑が広がり見事な光景となった。「あんなところで何も育つわけがない」と思うほうが当然なので、ちょっとした話題になった。収穫を始めた十二月に追肥を行なっただけで、三月まで収穫が続き、心の中で「やったぜ、やっぱり炭だ！」と快哉。

次作は炭を七袋追加して空心菜を播いた。夏の猛暑・大干ばつの中で、驚くほどの出来。炭の水分保持力はもとより、土の中で作物に「がんばれ、がんばれ」と言い続けてくれた音波効果（？）なのではないかという気がしている。

（静岡県南伊豆市）

＊二〇一〇年十二月号「炭はやせた土でこそ、威力を発揮する」

モミガラくん炭100%培地で水耕サラダ野菜

八巻秀夫

脱サラ新規就農で七年目。一〇aのハウスでレタスやベビーリーフなどのサラダ野菜を栽培しています。

農業素人の私が、人様に買っていただける品質の生産物を提供するには、それなりの技術の蓄積が不可欠。短い期間で技術の研鑽を積むには、生産サイクルの短い作物の選択が近道でした。そこで一年何回転もできるベビーリーフなどのリラダ野菜を栽培することにしました。

自作の水耕栽培装置で底面給水させながらポットで育てる方法ですが、培地はモミガラくん炭です。

モミガラくん炭を使う理由はなんといっても入手しやすいこと。この地域は米作地帯で自宅の周囲はすべて水田なので、必要な量はすぐに確保できます。市販のモミガラくん炭製造器で年間約一万ℓ程度つくっています。またモミガラくん炭には、無菌、扱いやすい（軽い）、炭というイメージのよさ（クリーン、無臭、防臭など）という利点もあります。

くん炭には、植物の生育を阻害する物質が含まれているので、水洗いしてから使ったほうがいいといわれますが、いっさい処理せず使用しても発芽も生育もなんの問題もありません。くん炭一〇〇％培地でも育苗や生育管理（播種後上面かん水、その後は底面かん水を一日一回）は一般栽培と変わらないと思います。

（千葉県長生郡長生村）

＊二〇一〇年十二月号「モミガラくん炭一〇〇％培地で水耕サラダ野菜」

くん炭培地だけできれいに発芽したレタス

自作の水耕栽培装置。材料はホームセンターで手に入るものばかり。1ベッド当たり約400株栽培

筆者

すごいぞ モミガラくん炭覆土

冬播きレタスの播種後の覆土にモミガラくん炭を使ったら、生育の差が歴然――野菜茶業研究所・佐藤文生さんの研究試験だ。

どちらも同じ日に播種したレタス苗。左がモミガラくん炭覆土、右が慣行（覆土なし）。寒い時期に初期生育がこれだけ違うと、あとの生育も差がつく（写真は佐藤文生さん提供）

くん炭覆土の黒色のおかげで地温が上がったせいでは？ と思いたくなるが、佐藤さんによると、「両者の地温は実際はほとんど同じ。この試験で使用した有機液肥の分解速度に差があったように思われる」とのこと。くん炭があることで液肥を分解する微生物が元気になったということだろうか？ ―― 研究の結論はまだ出ていない。

茨城県八千代町の青木東洋さんは、佐藤さんの試験の話を聞いて「それはおもしろい！」と、さっそく自分でも比較栽培してみた。すると確かに、くん炭覆土苗は生育が進んだ！ 編

真冬に、
この差は大きいですよ～。
まあ私は単純に地温が上がった
せいじゃないかと思いますがね

11月20日播種、３週間後の12月10日撮影。右のくん炭覆土苗は本葉２枚目がすでに展開。左の鹿沼土覆土苗は本葉２枚目がようやく伸び出したところ（赤松富仁撮影）

＊2011年３月号「すごいぞ！モミガラくん炭覆土」

どうやら炭には微生物をよぶ力がある

炭と微生物の親密な関係、カギは音波!?

小島　昭

炭をドブに落としたら ヌルヌルした

木炭は、不思議な物質です。水質浄化、脱臭、調湿および脱色だけでなく、たくさんのおもしろい性質をもっています。山に炭の粉をまくと木々の立ち枯れが防げる。田んぼに木炭をまくと、不作時でも平年並みの収穫がある。松の根元に炭の粉を入れると松《しょう》露《ろ》が生える。野菜畑にまくと収穫量が増える……などなど、炭の優れたお話は、書き尽くせないくらいあります。しかし科学的根拠に欠ける点が多々見られるのが残念なことです。

筆者は、炭素材料の研究を生業としてきました。炭の仲間に炭素繊維があります。アクリル繊維を不活性雰囲気で一〇〇〇度以上に加熱する（炭やきと同じような状態にする）ことで作られるフィラメント状の物質です。軽くて強度が高いことから、宇宙航空機材料やスポーツ用品等に使用されています。炭素繊維は、日本人が発明し、日本企業が世界の八〇％以上を生産している日本で育った先端材料です。

この炭素繊維が、水環境で不思議な力を示し、水環境再生の切り札として日本各地で使用され始めています。この発見は、炭素繊維をドブに落としたことから始まりました。落とした炭素繊維が、ヌルヌルしていたのです。なぜヌルヌルするのか。これが事業化のスタートでした。

微生物は炭と親和性がある

水環境における炭素繊維の力は、

①水をきれいにする
②水が汚れない
③ヘドロがなくなる

炭素繊維による水質浄化

濁りの原因である汚濁物や泥や砂が炭素繊維のバイオフィルムに固着、水がキレイになった

④魚介類が殖え、産卵場となる
⑤水草が生える
⑥プランクトンが殖える
⑦悪臭がなくなる

などです。これらの原動力となっているのが、例のヌルヌル、いわゆるバイオフィルム（生物膜）なのです。

　バイオフィルムは、炭素繊維の束の間にできる、さまざまな菌類の集合体である透明な粘着性の膜です。このヌルヌルに、水中を浮遊している泥や砂や汚濁物の粒子が固着し、たくさんの微生物に食べられる（分解される）ことから水質浄化が進行します。ですから濁った水槽の中に炭素繊維を数本吊り下げておくと、数時間後、水槽の水は透明になります（写真）。

　バイオフィルムができるのは、炭素材のもつ生物親和性に基因します。炭素材は、細胞や微生物や菌に対して特別の性質を示すのです。

　微生物や原生生物の集合体である活性汚泥の中に炭素繊維の束を吊り下げると、一〇秒程度で大きな汚泥ボールが誕生します。炭素繊維に微生物が飛びついてくるからです。ほかの繊維では、そんな現象はまったく起こりません。

　また炭の表面で細胞を増殖させ、その姿を顕微鏡で観察してみると、細胞は、大の字になって寝ているようにノビノビとした姿です。それに対し、生物親和性のない金属の上では、接する面積をできるだけ少なくするべく球体となっています（図1）。ですから、たとえば心臓弁膜症の治療に使用される人工心臓弁は、炭から作られています。

　炭素繊維をメダカの水槽に入れます。水槽の中に水草と炭素繊維があった場合、メダカはどちらに産卵するでしょうか。メダカは、圧倒的に炭素繊維に産卵します。自然界でも、コイやフナは、水草よりも炭素繊維に子孫を残しました。炭素繊維には微生物が集

図1　炭と金属の上で細胞を増殖させると…

居心地いい〜〜〜
いやだなあ
細胞
炭
金属
大の字になって寝ている
ようなノビノビした姿
なるべく接しない
ような球体になる

図2　炭素繊維を池や川などに入れると…

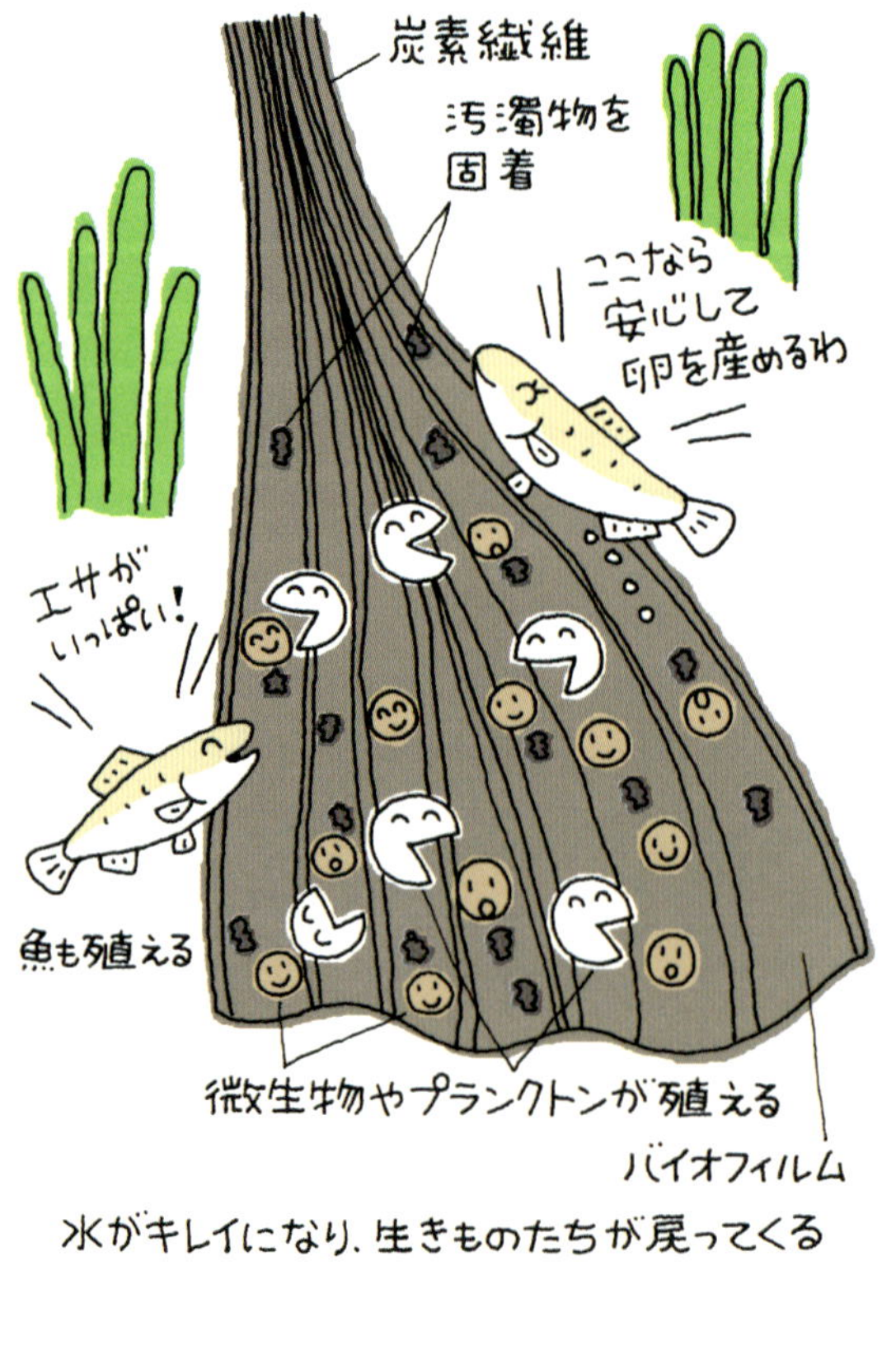
炭素繊維
汚濁物を
固着
ここなら
安心して
卵を産めるわ
エサが
いっぱい！
魚も殖える
微生物やプランクトンが殖える
バイオフィルム
水がキレイになり、生きものたちが戻ってくる

まるため、それを食べるプランクトンも集まる。結果的にプランクトンを食べる魚にとっても暮らしやすい環境になるというわけです（図2）。

炭の出す音波が微生物を殖やす？

なぜ炭素繊維には微生物が瞬時に固着するのか。明確な解答は得られていません。電気的な引き合いという考えもありますが、決定打ではありません。

微生物を研究されておられた松橋通生博士は、炭素材からある音波が発生すると提案されました。これは物理の世界では光音響効果といわれ、炭素材が層状構造であるから発生すると説明されています。そして、その音波に微生物が引き寄せられるという実験結果が得られています。

図3　2つのシャーレに菌と炭を別々に入れても…

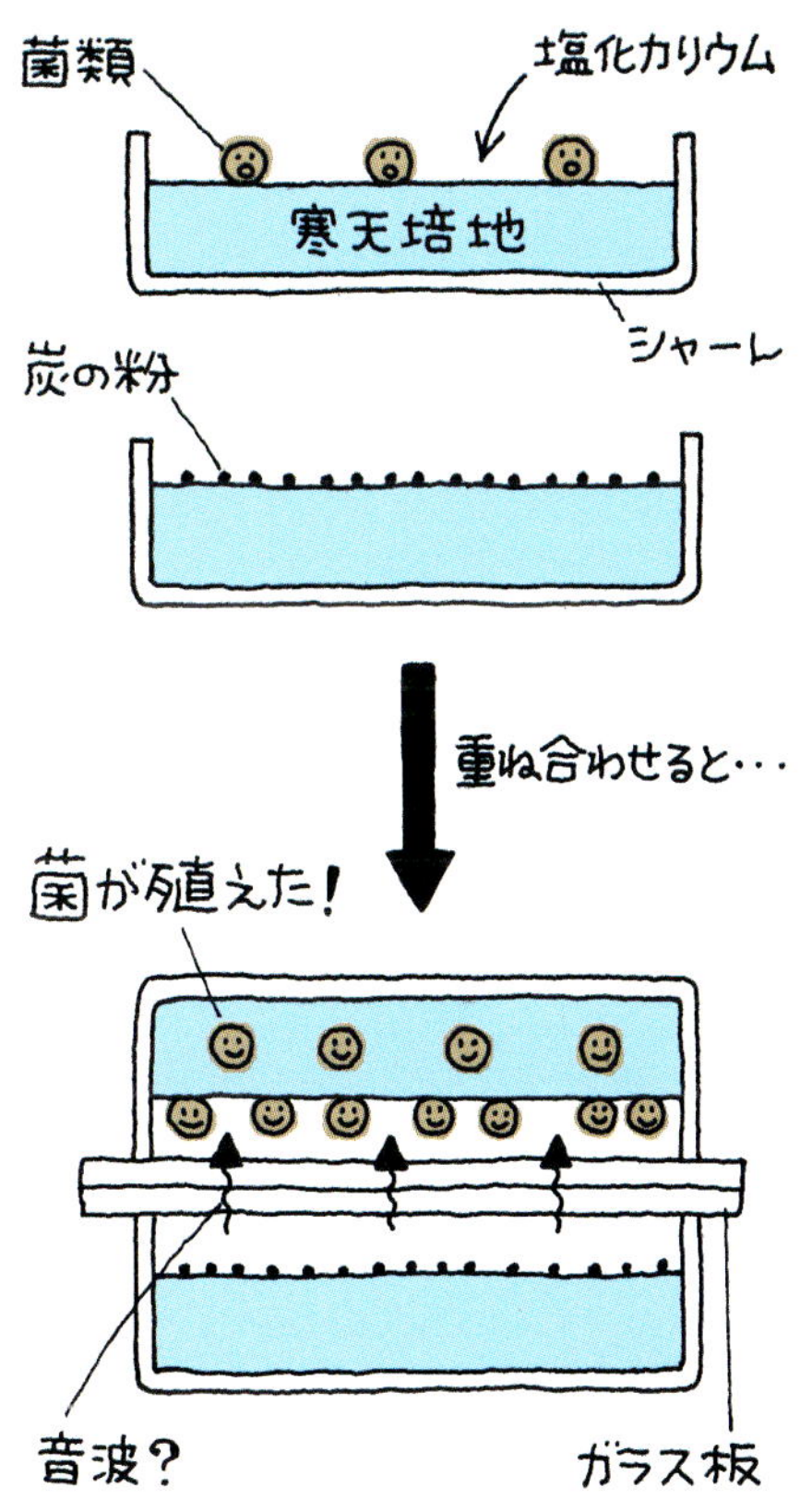

また、炭素材があると、菌類は通常では増殖できない環境下でも繁殖できます。たとえば、塩化カリウムを入れた寒天培地では菌は増殖できませんが、そこに炭素材があると増殖するのです。

さらに不思議な現象が発生しました。二つのシャーレに寒天培地を入れ、いっぽうには炭の粉だけを散布し、別のシャーレには菌類を入れ、増殖できないように塩化カリウムを加えました。

炭の粉と菌とは接触していません。それぞれ独立に存在しているはずです。ところが二つのシャーレを重ね合わせたところ、菌が増殖したのです（図3）。

この現象を説明するには、両者間に何らかの相互作用があると考えなければなりません。二つのシャーレの間に障害物を置いてみましたが、やはり菌の増殖現象は繰り返されました。これらさまざまな事実を総合的に見ると、炭から出る音波によって菌は活性となり、増殖すると考えられるのです。

★

今、地球環境のリズムが狂い始めています。このリズムを元に戻すには、微生物の力によって生態系を正常にする必要があります。四五億年の歴史をもつ地球が今日に至るまでには、さまざまな天変地異がありました。それらを乗り越えられたのは、微生物と炭素材の力があったからだと私は考えています。

農業は、土の産業です。スプーン一杯の土の中には、地球の人口に匹敵するほどの微生物がいます。これら微生物の力を炭でアップし、さらに活用するのが農業の本来の姿と考えます。炭と微生物との不思議な秘密を探り、これからの農業の発展に貢献したいと燃えています。

（群馬工業高等専門学校）

＊二〇一〇年十二月号「炭と微生物の親密な関係」

虫に病気に効く炭

コマツナのヨトウムシよけにくん炭

京都府城陽市・武田正夫さん

穴だらけだったコマツナが、モミガラくん炭を使い始めてからは「穴を見つけるのが大変」なほどに。幅1m、長さ30mのウネにくん炭80ℓを振って耕したあとに播種する。

（2010年12月号より）

炭・木酢でメロンのアブラムシ・ダニ激減

山形県鶴岡市・杉山豊さん

アブラムシやダニの発生がいつもより10日ほど遅くなり、毎年3～4回は使うダニ剤が1～2回ですむようになった。メロンの定植前に堆肥を入れたあと、100坪のハウス全体に炭90kgを散布。さらに木酢500倍液を500～600ℓかける。

（2010年12月号より）

炭窯の周りには独特のにおいがたちこめるが、エントツの排気口は高さが4mくらいのところにあるため、煙が直接ブドウハウスに入るわけではない

炭の粉がキャベツのアオムシに、炭やきの煙がブドウのウドンコ病にいいようだ

千葉県南房総市・八代利之さん

炭窯にある炭の粉をキャベツがうっすら黒くなるくらいに振ると、アオムシがほとんど来ない。また、ブドウの果実に白い微粉がついて粒がポロポロ落ちるウドンコ病が、ブドウハウスの北側に炭窯を作って炭やきを始めた途端に出なくなった。

（2008年6月号より）

粉炭・くん炭で ピーマンの青枯れ激減

山形県鮭川村・土田市助さん

1000～1200本のうち2割以上もあったピーマンの枯れが、炭の粉を入れると1割以下に。翌年からくん炭を入れるようになると、ほとんど枯れなくなった。くん炭を30㎏の米袋で10a20袋くらいウネに振って耕したあと、ピーマンを植え付ける。

（2009年11月号より）

くん炭でナガイモの 褐色腐敗病を防ぐ

青森県七戸町・川村正一郎さん

以前は連作を避けて2年置いた畑で土壌消毒をしても出ることがあった褐色腐敗病。種イモの下にくん炭をパラパラまいて植え付けるようにしてから出なくなった。モミガラ袋で10aに6袋ほど使う。

（2011年4月号より）

炭の株元マルチで ビワのモンパ病撃退

長崎市・末永茂昭さん

モンパ病で樹勢が衰えてきた樹に炭をまいたら、その下に小さな根がびっしり生え、M中心だったビワの実がL・2L中心に育つようになった。モンパ病とおぼしき樹の株元を掘り、白いモンパ菌がへばりついた根を取り除いて埋め戻したあと、樹を取り囲むように1本の樹当たり40ℓの炭を地表面にまく。その上からカヤを敷くとさらによい。

（2004年12月号より）

炭を入れて炊くと
ご飯がふっくらおいしく
なるのはよく知られていますね

暮らしの中で役立つ炭

とことん炭生活《ライフ》

新地《みいじ》　修

私は沖縄の八重瀬町《やえせちょう》で竹炭をやいて売っている。沖縄の竹は肉厚で炭の材料として申し分ない。物産市などで店を出すときに必ず掲げる言葉が「わ～が（私が）竹炭《ちゅくたん》」だ。ちゅくたんとは沖縄の言葉で「作った」の意味。竹炭《ちくたん》と響きが似ていて、お客さんは思わず笑ってしまう。

「炭だけに隅々まで使える！」は文章にするとオヤジギャグ全開だが、オバサマ方に確実にウケるセールストークだ。そしてこれは単なるギャグだけでもない。わが家の炭生活が実証している。

竹炭の使い方

流し下、靴箱、加齢臭まで ニオイが消える

一般的に広く知られている炭の効果といえば消臭や湿気とりだろうか。狭い空間であれば少量の炭で構わない。たとえば流しの下。皿や新聞紙の上に竹炭を置いて戸を閉め、遊びに出るなり所用を済ますなりして帰ってくるといい。その間にニオイはとれているはずだ。靴箱も同様、次に開けるときにはニオイはとれている。わが家では靴片方に竹炭を一つずつ入れている。ススが気になるような

ら、和紙や布、障子紙の余りにでも包んではどうだろうか。

ニオイの一つに加齢臭がある。あるご婦人がご亭主と私を前にして

「男の人独特のニオイってくさいのよね～。竹炭枕だと不思議とニオわないからまた買いに来ちゃった」

と無邪気にいわれ、ご亭主ともども沈黙……。このようにお客さんから教わることも多い。

ところでお客さんは、炭の効能についてはよく知っていても手入れのことは意外に知らないようだ。手入れといってもただ干すだけでいい。ニオイや湿気などは、吸うだけ吸うと「もう満腹」とばかりに効果が落ちてしまう。そんなときにはホコリをはらうか、汚れがひどいときはタワシで水洗いして、半日ほど天日に干してもらいたい。

油に入れればサクサク天ぷら

炭を水に、あるいはご飯を炊くときに入れるというのはよく知られているが、天ぷら油に入れてというのはまだまだ知らない方もいるだろう。

沖縄では正月、旧盆、清明祭《しーみーさい》（墓参り）に天ぷらを重箱に詰める風習がある。炭を入れた油で揚げれば油切れがよく、衣がサクッと揚がる。何よりも油が汚れにくく経済的なことこの上なし。こればかりは妻に喜ばれ、亭主の格も上がる!?

洗剤不要、洗濯にも炭!?

妻は洗濯するのに洗剤は使わず、竹炭（形がよくて硬い五㎝大の炭を一〇個ほど）と塩少量で洗っている。ひどい汚れでない限り石けんなしでも十分きれいになる。竹炭は必ず目の細かいネット（ストッキングでも可）に入れて使う。砕けた炭が洗濯物につくだけならまだいいが、竹炭のために洗濯機が壊れてしまっては割に合わない。なにより空手有段者の妻との格闘は避けるに限る。

竹酢の使い方

掃除にも蚊除けにも使える

竹炭は、やくと同時に竹酢もとれる。竹酢は作物や花はもちろん、家中の掃除にも使える。バケツに竹酢を一㎝ほど入れ、水を入れる。これで壁や床、棚などを拭く。わが家では食事前のテーブルに竹酢を吹きかけて、布巾でサッと拭いている。殺菌効果があるので安心して使える。

竹酢液は作物や花の害虫だけでなく、蚊除けにも使える。網戸に吹きつけて雑巾で広げるようにすれば蚊が寄りつきにくくなる。

蚊除けに竹酢スプレー

玄関や勝手口など、家の出入口にはハンドスプレーに入れた竹酢を常に置いている。畑へ行く前に顔や首すじに吹きかけ虫刺されを防ぐためだ。窓の開け閉めの際に蚊が入ってこないよう、窓の外や縁側には竹酢を竹筒に入れて置いておく。これだけで結構効果を発揮する。店の入口にも同様に、魔除けのシーサー、盛塩と並べて竹酢を置いている。入ってきたお客さんは必ず

「炭の香りがしますね」

と反応する。蚊は来ないわ、客つかみはいいわで、私のセールストークも盛り上がる。

わが家には飼い犬が二匹（どちらも元野良犬）いる。黒ラブラドールもどきは吠え方に迫力がある、いい番犬だ。だが体が黒いせいか蚊が寄ってくる。フィラリアで失いたくないので、スプレー片手に竹酢をかける日々である。皮膚が荒れているときなどにもいい。しかしどんなに勇ましい犬でも竹酢のニオイは嫌いみたいで、かけると必ず逃げて出てこなくなる。容器やペットボトルに入れて庭に置いておけば野良犬、野良猫除けになるだろう。

抜け毛も白髪も減る

竹酢をリンス替わりにも使っている。使うほど髪質が軟らかくなるのが特徴だ。歳のせいか薄毛と白髪に悩まされていたが、竹酢リンスを始めて年々、抜け毛も白髪も減ってきた。三年付き合いのあるお客さんも「最近、白髪が気にならなくなってね～」と嬉しそう。六十余歳のご婦人も「竹酢切らして一カ月経つと白髪が目立っちゃって」と慌てて買いに来られた。

このように竹酢は自他ともに認めるスグレモノだが、燻したニオイには好みがある。蚊も寄ってこないが、同時に若いオネエチャンも寄ってこない。風呂場にはいつも切らすことなく竹酢が置いてある。抜けめのない妻の企みか、私の薄毛を想う気遣いか、後者と信じたい。

抜け毛と白髪が減る竹酢リンス

薄毛隠しに奥の手、炭の粉

薄毛の話をもう少し。「炭の粉を頭皮が目立つところに直接かけたらどうなるだろう?」とある日試してみた。頭皮が黒くなりみごと薄毛に見えない！　さらに頭皮の脂を吸うからか、髪の毛にふんわりボリュームまで出た。

さっそく久し振りに同級生と居酒屋へ。さぞ私がハゲているだろうとからかいに走ってきた友人が、

「パンパカパーン♪」

と帽子を持ち上げた。が、肩すかし。黒ぐろとした毛髪に拍子抜け。内心大拍手の大喜びだったが、我慢我慢で家まで帰ってきた。

（沖縄県八重瀬町）

＊二〇一〇年十二月号「わが家のとことん炭生活」

【筆者注】竹炭粉や竹酢など肌につけるものは、安いものではなく、原料や製造工程がちゃんとしている国産の炭、できれば地元業者など製造元がハッキリしている炭が安心です。

「炭焼き倶楽部」の暮らし利用

DVDでもっとわかる

長野市の定年退職者など男性10人で結成された「炭焼き倶楽部」（22ページ）。週末にやいた炭は、それぞれの自宅で大いに利用している。

加湿器代わり

炭には湿気とりの機能もあるが、容器に入れた水に炭を差せば加湿器の代わりにもなる

ご飯を美味しく

炭をタワシなどでよく洗い、陰干しでしっかり乾燥させる。米3合に長さ10㎝・幅3㎝ほどの炭を1個入れて炊くとご飯が美味しくなる。ご飯を炊くのに使う水にも2日ほど炭を入れておくと塩素が抜けてさらにおいしくなる。量は水1ℓに炭150gほど

部屋の消臭に

部屋のなかではカゴに入れた炭を飾り、楽しみながら消臭に利用。炭が入れてある容器と炭のない容器にタバコの吸い殻を入れておくと、炭の消臭効果がわかる

掘りごたつに

着火しやすく、火力も申し分ない。じわじわ暖まるのがいい

野外料理に

ガスボンベを半割りにして作った野外料理用コンロ。炭を燃料にバーベキューを楽しめる

冷蔵庫に炭

冷蔵庫に炭を入れると、エチレンガスを吸着してくれて鮮度保持効果を発揮する。もちろんニオイ取りにもなる。

キッチンペーパーなどに包んで、冷蔵庫内の数カ所に分散させて置く。炭が吸湿してキッチンペーパーが濡れてきたら交換の目安。

この炭を冷蔵庫から取り出して火にくべると、吸着したガス類が全部出てきて、ものすごいニオイがするそうなので注意。

＊2004年1月号「貯蔵に利用」

イモ類の冬の貯蔵に炭

ヤーコンの種イモ貯蔵に竹炭を利用

新潟県の田井長一さんのところでは、ヤーコンやウコンの種イモを越冬させるのに炭を利用する。モミガラを保温剤にしてその中に種イモを貯蔵するのだが、乾燥しすぎ防止のため、竹炭も一緒に入れる。炭は、過湿のときには水分を吸うが、乾燥しているときは逆に水分を放出。種イモに快適な環境を作り出す調湿剤にもなるのだ。

群馬県の金井泰三さんは、冬の間のサトイモなどの貯蔵にモミガラくん炭を使う。発泡スチロールの箱にモミガラくん炭を入れ、その中にサトイモを入れておくと、真冬の寒さで凍みてしまうことがないという。

＊2004年1月号「貯蔵に利用」

ワラビのアク抜きに モミガラくん炭

山菜にはアクがつきものだが、新潟県十日町市の宮沢静さんは、なんとモミガラくん炭でアク抜きをしている。

ワラビを切ったら、木綿の袋に入れたモミガラくん炭と一緒に鍋に入れ、水から茹でる。お湯が煮立ったらすぐに火を止めて一晩置き、翌日もう一度煮て1～2日間置いておく。煮汁を捨ててきれいな水に替え、もう一度煮こぼしたら冷まして出来上がり。ワラビひとつかみに対してくん炭も軽くひとつかみ。ポイントはあまり長く煮詰めないこと。色鮮やかに、シコシコの食感を残してアクが抜ける。

また歯茎が痛い時には、くん炭の煮汁で1日3回うがいすると歯茎の腫れが引くそうだ。

＊2009年4月号「ワラビのアク抜きはモミガラくん炭でOK」

ボケ防止に!?
カキのタネは炭にして、いただく

崇城大学薬学部の村上光太郎先生曰く――

「カキのタネはボケを防ぐ特殊なタネなんです。ある家のおばあさんの話なんですがね、出歩くたびに家に帰って来れなくなることが月に何度もあったそうなんです。私、お嫁さんに相談されたもんで、カキのタネを黒焼きして飲むようにすすめたんですよ。ところがね、2週間ちょっとしたらまたおらんようになったそうで、『カキのタネの甲斐がなかった。また今日も消防団に探してもらわなきゃ』と苦情の電話をかけてきたんですね。するとそこへ、おばあさんが『ただいま』といって帰ってきたもんだから、そのお嫁さん驚いて『家わかったんか?』。そのおばあさん、なんと答えたと思います? 『アホか、自分の家がわからんやつなんてどこにおるか』ですよ。

カキのタネは、自分の家がわからなかった人でも、わかるようになるんですね。頭脳明晰になります」

タネの黒焼きは、脂肪やタンパク質を飛ばし、かさを減らして、タネのミネラルを効率よくとることができる。粉にしてから固め、丸薬にして飲むといい。

＊2009年9月号「捨てるなタネ――タネのいい成分、こうやっていただく」

1カ月以上乾燥させたカキのタネを黒焼きする。焼きイモ用の缶に入れ、フタをしておくと、タネの中まできれいに黒くなる

ときどきかき混ぜながら、全体が炭化するまで火を入れる。30分ぐらいで完成（アルミホイルに包んでストーブの上で焼いてもできるが、その場合は1～3時間）。この状態でポリポリ食べてもいい

黒焼きにしたタネをミルにかけて、粉にする

粉にハチミツを入れる。入れすぎると固まらなくなるので、かき混ぜながら徐々に少しずつ。耳たぶぐらいの固さになればOK

正露丸ぐらいの大きさに丸める。手がベトベトになるので、ときどき濡れタオルなどで拭きながらやる

完成

1日2、3個服用。ハチミツを使っているのでカビないし、保存もきく

炭をやくのに役立つ機器

油圧電動竹割り機
竹割りくん

直径3～16㎝、長さ20～52㎝の竹を割れる。電動100V（1500W）、油圧9Mpa、破砕力約2t、重さ約45㎏、本体販売価格12万8000円

巴製罐㈱
兵庫県加古川市尾上町養田1524-1
TEL 079-453-6001
http://www.tomoe-eco.co.jp/

竹酢液精製濾過装置
エコタン-301

採取した竹酢液を3～6カ月静沈後、食品添加物の濾材を用いて濾過するためのユニット。

風呂に入れたり、虫さされ、傷等、人体に触れる用途に使用できるよう、微細な浮遊物や採取時に混入しているタール分を除去するために用いる。

ロート（ガス封入口付き）、受けビン（ステンレス製）、濾紙、濾過層形成材（食品添加物）、吸引ポンプ、封入用カバー、ビニールチューブ、真空ゴム管からなるユニット価格25万円

高収率低温炭化装置
エコタン-191

竹炭をはじめ、非常に簡単に炭がやけ、酢液量を多く回収できる小型炭やき窯。着火後は自燃方式のため石油バーナーなどの燃料は不要。内部温度センサーが2カ所に取り付けてあり、内部温度のチェックだけで上手に炭をやける。原料の充填、炭の取り出しはカセット式で簡単。付属のウインチを使って詰め替えができる。 通常は4～8時間で炭化する。煙突部を外すとトラックに載せても3.8m以内に収まり、公道走行が可能。本体販売価格118万円

組み立て式炭化炉

簡単スミヤケール

折りたたむと薄い板状、一人で持ち運べ、3分で組み立てられる（28ページ記事参照）。

ドラム缶の3倍の「L」（660ℓ、3万3250円）から「ミニミニ」（90ℓ、1万8900円）まで7種類ある

(株)ファインテクノ・タケダ
岡山県倉敷市真備町有井141-7
TEL 0866-98-5312
http://finetakeda.co.jp/

手動式薪割り機

剛腕君 IFM-10TS

ダブルピストン式油圧ジャッキにより、両腕を前後に振って動かすだけで女性でもラクに薪を割れる。最大処理径35cm、最大処理長45cm、粉砕力10ｔ、重さ43kg。価格2万5200円

インターファームプロダクツ(株)
東京都練馬区向山4-35-1
TEL 03-3998-0602

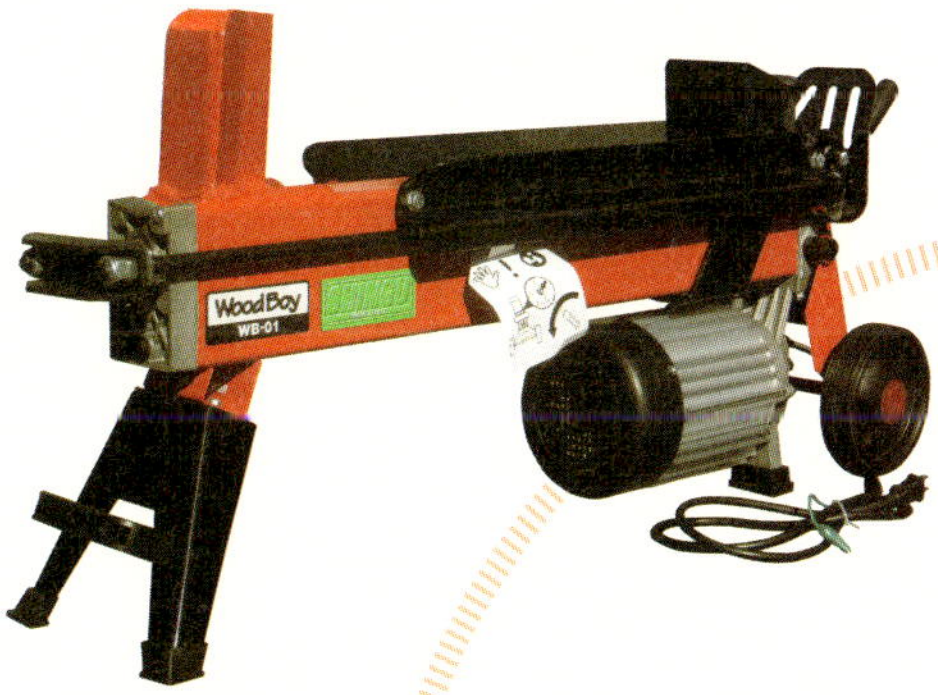

小型電動薪割り機

ウッドボーイ

コンパクトで女性でも操作が簡単。斧の部分にプレートが追加されており、これにより斧の曲がりを防いでいるのが特徴。電動100Ｖ（1500Ｗ）、最大処理長52cm、破砕力3.5ｔ、重さ39kg。希望小売価格7万9800円

(株)新宮商行 機械部
千葉県松戸市稔台6-7-5
TEL 047-361-4701
http://www.shingu-shoko.co.jp/

エンジン式薪割り機

ウッドロンガー PS80C

最大処理長80cm。破砕力7.2ｔ、重さ160kg。エンジン：ブリグスアンドストラットン4サイクル 5.5HP127cc。希望小売価格42万円

炭やきは天下の楽しみ

現代農業 特選シリーズ　DVDでもっとわかる 3
炭をやく　炭を使う

2012年6月30日　第1刷発行
2022年9月25日　第4刷発行

編者　社団法人　農山漁村文化協会

発行所　社団法人　農山漁村文化協会
〒107-8668　東京都港区赤坂7丁目6-1
電話　03（3585）1141（営業）　03（3585）1146（編集）
FAX　03（3585）3668　振替　00120-3-144478
URL　https://www.ruralnet.or.jp/

ISBN978-4-540-12155-5
〈検印廃止〉

DTP制作／㈱農文協プロダクション
印刷・製本／凸版印刷㈱
乱丁・落丁本はお取り替えいたします。